吃的江湖

林衞輝 著

萬里機構

序一

吃的江湖　吃的禪

我們因何而寫作？我們如何面對自己筆下的文字？

由於在紙媒工作了近二十年，我深知寫作有逼不得已，有逢場作戲，或為了安身立命，或為了澆胸中塊壘，不敢奢望張載「橫渠四句」裏提到的那種「為天地立心，為往聖繼絕學」的宏願，面對眼前的一日三餐，下筆也不免偶然惆悵。

兩年前成都著名的詩人、美食家石光華老師在一個飯局上曾正色地和我說：我們寫文字的人，要對文字有一種誠。寫美食這種事情，要言之有物，不可一味賣弄文字技巧，最終不知所云。

在石老師對我感慨萬千的時候，其實我已經為一位美食家大哥深深折服了，這就是林衞輝先生。衞輝兄平生風雲際會，飲食雅趣雖然不過是他生活的點綴，但大學時代就以才子著稱的衞輝兄，興之所至，在朋友圈裏寫下的那些「餐後感」常常成為我們盛宴之後的再次回味。他不僅是一位筆箸同耕的美食同好，更稱得上方家名士。

初識衞輝兄，是在他當時還運營的「隨園食府」裏，聽到這個名字便可知經營者是有文字情懷的「饞宗高手」了。中國歷朝歷代都不乏寫美食的文人墨客，這大概是我們這個民族飽經劫難之後

依然有一副枯松立鶴的風骨所在吧。呂不韋和孔夫子寫的美食重在說禮以教化世人，之後的《山家清供》、《閒情偶寄》等文字，流露的又是一種隱，是一種對現實無奈的逃避。而正是在清代大才子袁枚這裏，文字與美食變成了一種主動的結合，充滿着對生活的達觀。下箸與落筆流露的是一種瀟灑的人生態度，自此以後，從民國的唐魯孫到當代的蔡瀾，都是這般從容與灑脫，美食終於從單純的感官體驗，變成了經由文字講述的美學思辨。

讀美食的書也有讀書的心法，有人只是將之當作教學指南來看，有人則是當作休閒讀物來打發。但我卻以為，從《隨園食單》這本既有博物學色彩又有社會學角度的典籍開始，我們便應當從人間滋味中讀出一種出塵的人世哲學。

之前聽聞衛輝兄的大名時亦聽到了他的學術基礎，他乃當年中山大學法學院的才子翹楚。我暗自揣測，文字的筆力和人的思維方法有莫大的關係。我這等理工男書寫美食，總想着總結公式找到套路，文科班出來的那些美食名家又常常給人一種置身事外的思辨之感。法學的精神我不敢妄議，但嚴謹的邏輯和哲學的思辨無疑會為我們對味覺的解讀，帶來一種更加實用的方法論和更能獲益的價值觀展示。

衛輝兄寫的美食評論，不是簡單的紙上風月，是實實在在的有感而發。每一次飯局當中，我們大家酒酣耳熱高談闊論，衛輝兄都很認真地聽和討論。當我們「醉後各分散」回去邂逅周公時，他卻連夜趁着餘興將一篇文章洋洋灑灑寫了出來，好幾次讓我吃了一驚，這分明是一種意識的自覺性。

有感而發是對人間煙火的真實感受，而言之有理，則是一位法學理論扎實的才子勤於思辨的生活習慣。

我常說衛輝兄的文字分明比許多以文為生的人更有重量，比起淺嘗輒止的吟風弄月，他寫美食，不僅要寫出美感，還要寫出美學的來源和依據。

我也經常在自己的文章中和大家談到水果和海鮮低溫冷卻之後吃起來會更香甜，菠蘿和芒果浸泡鹽水或蘸醬油吃也會提升甜度，但這些描述一直就是停留在生活經驗分享的籬欄之前。很多時候也有人問我其中的道理，而我常常會覺得不可思議：這不是世俗常理嗎？

但在衛輝兄的字裏行間，這些世俗常理就有了令人心悅誠服的理性分析：食材冷卻後口感會更甜，是因為低溫促使兩個糖分子相互結合；而鹽水和醬油能讓芒果、菠蘿變得更甜的原因，是鹽分遮蔽了果實中的果酸。每每讀罷，我不禁赧顏，心生慚愧。

《舌尖上的中國》總導演陳曉卿老師也是衛輝兄的好友。在餐桌上，當衛輝兄把梅納反應[1]與甜蝦的自溶性娓娓道來時，陳老師也對這種精準的考據態度驚訝不已，在《風味人間》第一季首播時，悄悄把衛輝兄的名字寫進了美食顧問的序列裏。

這些年拜全球化所賜，在物聯網和互聯網的相互作用下，中國人的飲食餐桌上發生了天翻地覆的一場革命。烹飪的技術觀念迅速傳播普及，古法更新，加上時間流逝，人們的飲食習慣發生了變

1 梅納反應：又稱美德拉反應，是一種普遍的非酶褐變現象，這種反應不僅影響食品的顏色，而且對食品香味也有重要作用。

化。我們當年遙不可及的五湖四海的美食，早就被一個完整的地球村所收納，南北極的物產、雪山海洋的風味、萬里之外的佳釀，竟然乾坤挪移共冶一爐，在我們的餐桌上變得觸手可及。

我們的知識邊界和價值觀念同樣被這股時代的洪流裹挾。我們的知識升級從來沒有像今天這樣迫切和精彩。若干年前我還在歎息書架上再無可以回味的文字了，只得去求助於BBC（英國廣播公司）以及國家地理的紀錄片這些來自域外的內容資訊。當下幾乎在一剎那間，我意識到這場文字與味覺的征途才剛剛走出歷史的關隘，前面天地廣闊。

餐飲圈的朋友們都很喜歡和衞輝兄把酒言歡，不僅是因為衞輝兄急公好義，在日常經營的過程中給予大家許多指點與幫助，更是因為朋友們喜歡在餐桌上聆聽衞輝兄不疾不徐、鞭辟入裏的食經妙解。我覺得如此才是市井的吃喝化身為飲食的文化，這樣的人生盛宴才是真正的不負韶華。

那些餐桌上的高論和朋友圈裏的珠璣文字，終於要彙編成冊了。就在這樣一個互聯網碎片化閱讀氾濫，我們的嚴肅閱讀精神正在被肢解的當下，著書立作是一種反躬自省，是一種文責自負。一個愛惜自己文字的人，這一生必然不苟且。有幸讀到這樣的文字，生命中便多了位良師益友。

面對即將付梓的《吃的江湖》，我突然想遙寄遠方的石老師：吾道不孤，文字不寂寞，滋味永流傳。

閆濤

美食紀錄片製作人，《風味人間》、《舌尖上的中國》美食顧問　閆濤

序二

有態度 好味道

法律系高才生輝哥描述好吃的食物時，總是對背後製作美味的人充滿敬意。在這個網紅時代，大多數人願意用耳朵去「吃飯」，卻少有像他這樣的大忙人，花大量時間用心「吃飯」。他會抽絲剝繭，加以大量的佐證、典故和數據，傳統、市井卻又科學地敘述每一道真味。這些真味，除了輝哥自己要弄個明白，也讓朋友們吃了個清楚。

每個人對待美食的態度都不盡相同，更多人願意將自己對美食的愛恨與情緒表達出來。而輝哥筆下的美食文章，每一篇都可以上任何一家院校的講堂，除了讓你了解其好吃的奧秘還增長了許多知識，是一位不可多得的美食老師！

懂吃，掰開來講有兩層意思：一是知道好味道出自哪裏，這需要有天分；另一個是清楚它為甚麼好吃，這需要知識。輝哥兼備！

國際美食評委，美食紀錄片《風味人間》、《舌尖上的中國》美食顧問　蔡昊

自序

好吃是甚麼

陳曉卿老師的《風味人間》開啟了一場美食文化之旅，他在央視時所拍《舌尖上的中國》引發了全民的美食狂歡，各電視台紛紛推出美食節目，講美食的自媒體也大受歡迎。廣州美食活地圖閆濤老師把我帶入美食圈，受陳曉卿老師影響，我也開始把平時接觸到的美食在自己的微信裏與朋友們分享，這其中總想搞清楚：何為美食？

人類發展史上，飢餓的年代遠比豐衣足食的時間長得多，別看一日三餐挺簡單，那也是到了宋朝才開始的。而唐朝時，七十歲以下的普通老百姓，非節日吃肉，那還是犯法的。二十世紀八十年代，人們見面打招呼，還是問：「您吃了嗎？」國人解決溫飽問題，也就是近三十年的事。對美食感興趣，以「吃貨」自居，這是社會繁榮進步的標誌，挺好！

何為好吃？每個人都有不同的標準。「爾之蜜糖，吾之砒霜」，說的就是這個道理。有人懷念小時候的味道，說媽媽做的飯菜最好吃。這是有道理的：人的味覺偏好在七八歲時就已經形成，小時候吃甚麼，基本上長大後就喜歡那個味道了。北方人嫌廣東菜味道太淡，南方人說北方菜太鹹；西南人喜歡酸和辣，東南邊的喜歡甜和鮮；北方人喜歡吃麵，南方人喜歡吃米。一方水土養一方人，這是口味的偏好，想改變，也是可以的。科學家做了個實驗，改變一個人的口味偏好，要用大約三

個月的時間。這三個月，原來的味道不能碰；否則，重新計算時間。

陳曉卿老師說飯菜是否好吃與跟誰吃有關，飯菜好不好吃固然重要，但跟誰吃更重要。好不好吃，這本身就是很主觀的體驗，心情愉悅與否，絕對影響我們對美食的體驗。和喜歡的人一起吃飯，味道特別香；相反，工作餐、鴻門宴肯定不好吃，更別說「最後的晚餐」了。

不同的人對味道的感知也不一樣。科學家們做過一個實驗，隨機選了一百個人，吃同樣的苦味食物，大約有一半的人覺得很苦，四分一的人覺得不苦，剩下的覺得只是有點苦。人們口腔中的味覺接收器每人平均為二百個左右，少者只有一百個，多者高達八百五十六個，因此各人對於滋味的感覺大不相同。

這個世界上，確實有嘴巴特別刁的人。據《晉書》記載，西晉時的尚書令荀勗，「嘗在帝坐進飯，謂在坐人曰：『此是勞薪所炊。』咸未之信。帝遣問膳夫，乃云：『實用故車腳。』舉世伏其明識」。翻譯過來大意是：大家陪晉武帝吃飯，荀勗跟大家說，這些飯菜用舊木頭燒的。大家不相信，晉武帝向廚師求證，確實是用舊車輪當木柴所燒，自此，大家都服了。荀勗這人，多才多藝，文學造詣甚是了得，做人則差了去了，毫無風骨。《晉書》還提過一個牛人，叫苻朗，前秦苻堅的侄子。《晉書》載：「會稽王司馬道子為朗設盛饌，極江左精餚。食訖，問曰：『關中之食孰若此？』答曰：『皆好，惟鹽味小生耳。』既問宰夫，皆如其言。或人殺雞以食之，既進，朗曰：『此雞棲恒半露。』檢之，皆驗。又食鵝肉，知黑白之處。人不信，記而試之，無毫釐之差。時人咸以為知味。」雞是放養的，這個能吃出來不難，但鹽是生的，鵝是白毛還是黑毛都可以吃得出來，這就神了去了，除非宰鵝時鵝的絨毛拔不乾淨。朋友圈中，這類超級美食家當然是鳳毛麟角，大部分人屬吃嘛嘛香那一類。

儘管如此，作為凡夫俗子的我們，也還是有必要掌握點美食的ABC（一般常識），這樣不容易上當受騙，也可以避免人云亦云。關於美食這方面的研究，涉及生物學、食品工程學、物理學和化學等知識，國外的研究很豐富，但大多過於專業，艱澀難懂。我想，我們只要知道「酸、甜、苦、鹹、鮮」這五種滋味的基本原理就夠了。

酸，是氫離子對味蕾的刺激，所有的酸，都包含了氫離子。酸能讓口腔產生唾液，所以有「望梅止渴」之說。沒有胃口的表現是口腔乾燥，吃酸開胃也是因為酸能促使唾液分泌。酸能解膩，油膩是因為脂肪在味蕾長時間地停留，吃酸促使唾液分泌，能把脂肪趕走。讓我們流口水的原因還不僅僅是吃酸，想擁有但求之不得，看到或聽到別人擁有，也會令我們口水直流，所以有「酸溜溜」這一說法。酸也分類型，有強烈的，有溫柔的，酸而不嗆，這大概是酸之最高境界。

鹹和甜能分解或蓋住部分酸，如果想突出酸，別下鹽。如果酸放多了，可以多加點糖。我們的鹽攝入量普遍過高，標準是日均攝入量不超過六克，而我們遠遠超過，吃點酸的東西，不放鹽味道還不寡淡，這划得來。

甜是人類的能量源泉，我們每天的消耗，葡萄糖佔了百分之八十。出於本能的需要，人一嚐到甜，自然會產生多巴胺，愉悅感因此而來；由此，「甜蜜」用來概括一切美好。人的本能又促使人天然有儲存糖分的功能，只要吃的糖分多一點，人體自然啟動儲存功能，肥胖因此產生。現在物質

豐富了，若既想擁有美味，又想避免肥胖，捷徑之一就是盡量少吃甜食和澱粉類食物，肉和大部分蔬菜糖分很少，可以適量放心吃！

甜的反面就是苦，食物中的天然苦味化合物，植物中主要來源是生物鹼、萜類、糖苷類等，動物性的主要是膽汁。植物動不了，作為物種能夠生存下去，表現為苦，是一種辦法，因為沒有人會喜歡苦。但食物中又多少含有苦味，因為懼怕苦而放棄這些食物，那非得餓死不可；咖啡、茶、啤酒、苦瓜、萵苣……都有苦味，苦味總和其他味道、芳香物質攜手而來。我們喜歡吃苦瓜，那是因為「苦盡甘來」，苦和甘都存在於苦瓜中，苦味先被味蕾感知，幾秒後就消失，隨後甘味襲來。高明的廚師知道如何減弱苦味，比如生物鹼溶於脂肪和熱水，用熱水灼一遍，食物就沒那麼苦了；當然，有些香味也沒了。潮菜中的五花肉苦瓜煲，用的就是生物鹼溶於脂肪這一原理。

鹹味是氯化鈉對味蕾的刺激，是最基本的一種味道。食物本身的味道，普遍都比較寡淡，鹹味的調和，讓食物味道更加豐富。鹹味一般不出現在食物中，但人體又需要氯化鈉，這種食物加鹹味的需求組合，實際上是人體本身需求使然：缺了鹹味的食物不好吃，所以必須加鹽，從而達到為人體補充不可或缺的氯化鈉的目的。人體對鹽的需求是每天三至五克，實際上我們每天攝入量達到十至十五克。過多的攝入，會導致高血壓，我們在追求美食時也要注意，不要口味太重。那種說早上喝杯淡鹽水的養生方法，簡直是謀殺！

鮮是最受歡迎的味道，這種味覺受體被發現，也才四十年左右的歷史。鮮味分子激活鮮味受體，在細胞內啟動一系列複雜的信號傳遞過程，再經過味覺神經傳入大腦的味覺中樞，經分析、整合產生的感應，就是鮮。蛋白質是人體需要的一種基本物質，鮮味是蛋白質的信號，人一旦缺乏蛋白質了，就迫切想吃鮮味的東西，比如肉、肉湯、魚、魚湯、蝦蟹類、蜆等。已知的鮮味成分主要為有機酸類、有機鹼類、游離氨基酸及其鹽類、核苷酸及其鹽類、肽類等，其中最常見的是穀氨酸和核苷酸，這兩者協同作戰，鮮味可提高二十倍。很多美食研究，歸根到底就是如何把鮮味呈現出來。

除了味覺，還有嗅覺參與了對食物的品鑑。嗅覺由上鼻道負責感知，可感受到的香氣有好幾千種，這些氣味我們通常用聯想起的食品來形容。我們聞得到的香味分子，較易溶於脂肪，不易溶於水，所以容易從水中散失至空中，由我們的嗅覺感受器聞到。如果吃東西時把鼻孔捏住，這種體驗肯定不夠完美。我們說「色、香、味俱佳」，就是這個道理。

除了味覺和嗅覺，觸覺也參與了我們對食物的品鑑。辣、澀、滑、軟、脆、糯等，都是觸覺，觸覺能令我們對美食的感知更具體。辣讓我們大腦分泌內啡肽（亦稱：安多酚），從而產生愉悅感；糯讓食物在味蕾中停留的時間更長，因此更厚重，也更膩；脆是觸覺和聽覺的聯動，更加具體……

米芝蓮餐廳和各類美食評比榜，不僅僅考慮食物的味道，還有就餐環境、服務和文化。對注重味道的人，這些榜單上的餐廳，可能沒有想像的那麼好吃，這是兩個不同的坐標：花同樣的價錢，相當一部分花在環境和服務上，花在食物上的就少了。當然，如果自己會做，那就更美了：帶着感情的烹飪，相信吃的人可以體會得到。

對美食科學的研究，國外的成果十分豐富，可惜非專業人士看起來十分艱澀。美食又是一個十分主觀的體驗，我嘗試把美食後面的科學簡單敘述一下，盡量做到簡單易懂，但所有體驗，僅是我個人偏好，不足為標準。

林衛輝 

目錄

第三章：細嚼蔬菜

第四章：品味江湖

第五章：食在廣州

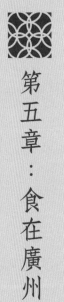

第一章

饗肉食

壹・壹

燒鵝：皮脆四小時極限

燒鵝在粵菜中的地位，絕對排得進前三。烤得好的燒鵝皮脆、肉嫩、骨香，滿口的油脂，一切肉食能給人帶來的滿足感和幸福感，它都具備。有趣的是，在講粵語的地區，幾乎每個人都有自己心目中認為最好吃的燒鵝店。如果想挑起他們之間的矛盾，那就讓他們聊燒鵝。

香港、深圳、東莞、廣州、佛山、中山、台山，都有很不錯的燒鵝店，而且都自認為正宗。僅「深井燒鵝」，就有香港、廣州黃埔和台山三個地方爭相認領，蓋因這三個地方都有一條深井村，而且燒鵝都做得不錯！

能夠如此普及、如此吸引人的食物，也就只有燒鵝了。

製作工藝上，每家都有自己的獨門秘笈，但功夫是否到家，卻是考評燒鵝味道的關鍵。燒鵝過程中，關鍵的一道工序是將滷汁灌進鵝的腹腔，利用滲透壓，讓滷汁的味道進到鵝肉中。滷汁的配方、灌進多少滷汁、讓鵝平躺多久，決定了燒鵝的味道。接下來，用燒鵝專用縫合針把鵝縫起來，是為了留住滷汁；往鵝脖子處打氣，讓鵝皮下的脂肪和結締組

織之間充滿空氣，是為了保證燒鵝脆皮；將鵝放在開水中灼一下，是在給燒鵝定型；給鵝淋上含有麥芽糖的脆皮水，是為使糖遇熱發生褐變反應，這樣，皮脆的同時，也給燒鵝披上了漂亮的黃褐色外衣；再風乾幾個小時，則是為了使鵝皮水分揮發。脆是食物脫水的結果，風乾有利於鵝皮脫水，而鵝肉由於一直浸泡着滷水汁所以會非常入味。

如果使用炭火、燜爐做燒鵝，鵝會被水蒸氣均勻地蒸熟，隨着水蒸氣的蒸發，爐內溫度超過攝氏一百二十度，鵝肉將發生梅納反應，大分子的蛋白質分解為多肽，再進一步分解為小分子的氨基酸，這時鵝肉香飄四溢。轉換位置，調高溫度，讓鵝進一步受熱，鵝皮將進一步變得酥脆。吃燒鵝有「四小時極限」之說，意思是燒鵝出爐後越快吃越好，過了四個小時，皮就不脆了。

翻閱史料，燒鵝的出現要到晚清之後，在這之前是燒鴨，燒鵝是廣府人在燒鴨基礎上的升級版！而燒鴨，卻可以追溯到明初的南京。南京盛產鴨，明太祖朱元璋建都於應天，也就是現在的南京後，御廚便取用南京肥厚多肉的湖鴨製作菜餚；為了增加鴨菜的風味，採用炭火烘烤，使鴨子入口酥香。後來，朱棣遷都北京，烤鴨技術也由南京帶到北京，南京湖鴨由密雲白鴨替代，北京烤鴨由此出現。

吃燒鵝有「四小時極限」之說，
意思是燒鵝出爐後越快吃越好，過了四個小時，皮就不脆了。

除宮廷外，北京當時有家「便宜坊」（成立於永樂十四年，即一四一六年）專做烤鴨，當年生意興隆，名聲響亮得很，單是門兩旁那副「聞香下馬」「知味停車」的對聯，便頗能引人垂涎。後來的烤鴨店，有許多家都套用了便宜坊的字號。有的僅改動其中一字，例如「便意坊」，或者「明宜坊」，或者「便宜居」等等。那時的烤鴨，使用燜爐烤，使用炭火並在爐上加蓋。

清同治三年（一八六四年），做生雞、鴨生意的楊全仁買下做乾果生意的德聚全，改行做烤鴨。他們用果木明烤代替炭火烤，果木的香味進到烤鴨中，倍受追捧。做乾果生意的找果木容易得很。至於招牌嘛，也不用費事想了，將德聚全倒過來就是「全聚德」！

這麼說來，**燒鵝的祖宗**是「**南京烤鴨**」，地地道道的淮揚菜，只是遇到善於學習的廣東人，稍為一變就成了一道粵菜。廚師們拿南京烤鴨稍微變一下，弄出個廣東燒鵝，情況就是這麼個情況！

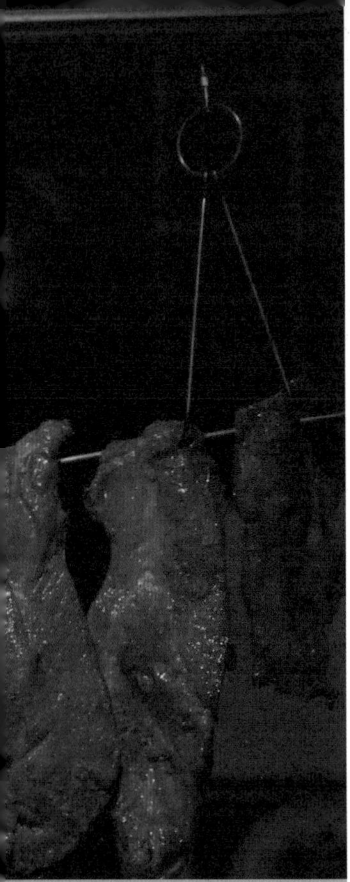

細說燒鵝（一）

要想做好燒鵝，首先要選好鵝。潮汕滷鵝選用體型碩大的獅頭鵝，而燒鵝則選用體型適中的烏鬃鵝。烏鬃鵝產於廣東省清遠市北江河兩岸，故又名清遠鵝。因其羽毛大部分為烏棕色，而得此名，也有叫墨鬃鵝的。烏鬃鵝的重點產區位於清遠市北江兩岸的江口、源潭、洲心、附城等十個鄉鎮。

該鵝分佈在粵北、粵中地區和廣州市郊，成年公鵝經人工育肥，九十天就可以達到三千五百克。這是做燒鵝的最理想狀態：剛剛成年，風味物質充足，鵝味滿滿；肌肉纖維粗細適中，只要火候控制得當，就可以做到肉嫩多汁；經過糟養育肥，脂肪豐富。不要怕肥油，烏鬃鵝的脂肪約百分之七十是不飽和脂肪酸，沒有想像中的可怕。沒有瘀血和破損，是一隻光鵝的標準。若鵝有瘀血，則鵝烤後會變黑色；有破損，則烤後會皮開肉綻、汁液橫流。

細說燒鵝（二）

燒鵝腿好吃，那是因為燒鵝腿富含肌凝蛋白，鵝的重量全靠雙腿支撐，長期用力，這塊肉風味最佳。有人說燒鵝左腿比右腿好吃，這沒有道理。為甚麼會有這種說法？這與香港早期警察腐敗有關，警察每個月向燒鵝檔收保護費，不能明說，而是問老闆：「燒鵝左髀好食還是右髀好食？」粵語管「腿」叫「髀」，「髀」和「俾」（給的意思）同音，「左髀」反過來讀就是諧音「俾咗」，已經給了的意思。這個月已經付了保護費的就說「左髀」，還沒付的就乖乖給錢！

其實燒鵝最好吃的是鵝腩的位置：掛着烤的鵝，這個部分始終泡着滷水，所以最為入味。

壹·貳

白切雞：好吃的三大要素

如果評選廣州美食的前三位，那白切雞一定跑不了。不管做得好不好，各家粵菜館一定有這道菜，各燒臘店也一定會掛上幾隻白切雞，區別只在於誰家的更受歡迎、是叫「白切雞」還是「白斬雞」而已。無他，「切」更斯文，「斬」更歡快，說的都是一回事。

那麼，一隻好吃的白切雞，是由哪些因素構成的呢？

首先是雞的品質。

廣東不缺好的雞種，清遠的麻雞、惠州的鬍鬚雞、肇慶的杏花雞、信宜的三黃雞，都適合做白切雞。湛江人做白切雞一般選用信宜的三黃雞種，從前信宜歸湛江，所以還叫信宜雞；但現在信宜歸茂名，湛江只能另起爐灶，叫「湛江雞」，論雞種，還屬信宜。

白切雞講究皮滑、肉嫩、骨甜，選用的雞，雞齡不會太長，否則肉老，就做不出這個效果了。以前的雞都是農戶散養的走地雞，雞長得慢，但風味物質豐富。大廚們一般選用四個月未下蛋的母雞做白切雞，這是有一定道理的：公雞的成熟期是一百一十天，母雞的成熟期是一百二十天，這時期的雞剛好成年，正是含苞待放的年紀，風味物質初具規模，肉質緊實而滑嫩。一旦過了這個時期，母雞生蛋，肉質便會韌了一些，風味稍遜。

白切雞講究皮滑、肉嫩、骨甜，選用的雞，雞齡不會太長，否則肉老，就做不出這個效果了。

現在全過程散養的走地雞很少了。機械化規模化養殖的雞，一個多月就可以出籠，這時候的雞風味物質少，肉嫩是嫩，但卻沒有雞味。稍好的雞是先機械化餵養，再出籠散養，這種雞養足六個月，味道還是不錯的。

為甚麼走地雞味道更好呢？那是因為運動多的雞，雞肉組織裏的脂肪微滴以及細胞膜上的類脂肪成分較多，這些成分就是雞味的主要構成成分。雞肉的味道，除了跟雞的養殖時間有關，還取決於雞吃甚麼。吃五穀雜糧、蟲子的雞，風味更足；吃豆渣、魚粉、肉粉混合飼料長大的雞，營養豐富，長得快，但風味不足。

人們常抱怨好吃的白切雞難找，主要是因為「好雞」難找。我曾經在從化找到全程散養的鬍鬚雞，老友價一隻要一百五十元。做成白切雞，賣到顧客手裏怎麼也得二百五十元，酒樓則要三百元以上，這個價格市場不接受。果然，這種雞也養不下去，最終人家只能關門大吉。

其次是火候的掌握。

做白切雞，水始終要保持在攝氏九十度左右，俗稱「蝦眼水」[1]或「蟹眼水」。雞在「蝦眼水」中三進三出，使雞皮表面形成溫差，目的是形成一層保護層，阻止雞肉汁液的滲出。之後將雞浸二十分鐘左右，具體浸泡時間看雞的大小，目的是通過熱水浸泡讓雞肉裏面的溫度控制在攝氏六十五度。一超過這個溫度，雞肉的肌肉組織緊縮，汁液被擠出來，表現出來的就是柴和韌了。

酒店做白切雞，講究一點的不是用水浸雞，而是用白滷水浸雞。濃香撲鼻的白滷水，是廣式白切雞的美味秘笈之一，每位粵菜師傅都有自己的獨家秘方。白滷水的配料包括薑、葱、八角、香葉、桂皮、草果、甘草等，再加入瑤柱、蝦米用以提鮮，這樣浸出的白切雞，骨頭都有味道。從前的清平雞，獨特的味道一半功勞應該歸功於白滷水。

酒樓的師傅把兩步合成一步，先把白滷水煮至微沸，往雞內腔灌入微沸的白滷水，使雞的內腔溫度提升，然後倒出水，使血水被帶出，再將雞浸沒在白滷水之中，片刻後將雞拎起倒出內腔湯水，之後提起雞再浸沒在白滷水中。浸雞全程用慢火，經過三次的浸、拎、提，令雞浸至僅熟，能達到皮爽、肉嫩、肉略離骨的效果。

1 「蝦眼水」：微滾狀態即將沸騰的水，氣泡呈「蝦眼」大小黏着煲底。

出鍋時還要將雞放在冰水中洗個冷水浴，目的是讓雞肉馬上降溫，須知餘溫也是烹飪的延續。驟然下降的溫度，讓雞皮緊縮，雞皮中部分脂肪和水分被擠出，因此表現得既滑又脆。雞皮與雞肉之間的一層膠原蛋白和脂肪，形成了一層明膠，網狀的分子結構牢牢地鎖住了雞肉的汁液，美味不流失，表現出嫩滑。最後一個環節是給浸熟的雞刷上一層花生油，使雞肉的水分得以保留而不揮發。

最後，一碟薑葱蓉蘸醬或蝦熬的醬油，是白切雞的靈魂。薑和葱的香味來自它們的硫化物，完整的薑和葱，其組織結構穩定，硫化物深藏不露，香味不算突出。經過以下三道工序，硫化物得以充分釋放：一是把薑、葱切成薑蓉、葱蓉，物理性破壞它們的細胞組織，讓硫化物得到第一次釋放；二是加鹽攪拌，讓鹽把薑、葱的細胞壁進一步破壞，釋放更多的硫化物；三是用滾燙的花生油澆到薑、葱蓉中，硫化物遇熱進一步釋放。

第三道工序中，大部分餐廳用生的花生油澆，導致薑味、葱味不足。我問師傅們為甚麼，他們說一般薑、葱蓉要提早準備，用滾油澆的話，等到上菜時，油也變冷了。這是不明白其中的道理，加上懶惰使然。

蝦熬醬油的過程，是核苷酸和穀氨酸協同作戰的過程。以前的九記路邊雞，就是配以蝦熬的醬油，讓人忍不住蘸了又蘸。不過現在也吃不到了，能遇到一碟好的醬油，已是感激不盡。

說白切雞是廣州美食的標誌，估計爭議不大。遺憾的是，查遍歷史文獻，關於白切雞的最早記載，卻是袁枚的《隨園食單》。裏面在說到雞的十幾種做法時，把「白片雞」列在第三位，「肥雞白片，自是太羹、玄酒之味。尤宜於下鄉村、入旅店，烹飪不及之時，最為省便。煮時水不可多。」

袁枚所記之菜，多屬淮揚菜系。平心而論，那時還沒粵菜甚麼事，真正的粵菜得等到清朝末年。那時即使在廣州，像樣的酒樓也是做淮揚菜，連揚州炒飯這道地地道道的粵菜，也要借揚州的名立威。我這不是胡說八道，揚州炒飯中絕不可少的燒鴨皮、燒鴨肉，不是粵菜獨有的嗎？所以，我大膽推斷，白切雞是淮揚菜中的「肥雞白片」的升級版：粵菜師傅在這個基礎上進行改良，用白滷水代替普通水，用浸雞代替煮雞，再來一輪冰水「過冷河」，使之變成廣州特色。我這純屬推斷，歡迎讀者拿文獻推翻我的結論。

廣州的白切雞，以清平飯店的清平雞、九記店的路邊雞為頂峰，可惜城市拆遷，這兩家店都消失了。現在誰也找不到好的雞，白切雞的味道也就再找不回來了。誰沒有過去？怕就怕過不去！自然狀態下散養的雞難找，已經決定了白切雞難以回到過去的風味。

有人看到黃澄澄的白切雞，就以為它是靚雞——黃色的雞皮是雞閱歷豐富的表現：雞吃到足夠多的葉黃素，雞皮才是黃色。但現代人很聰明，用薑黃素給雞上色，使雞皮黃得出奇，而且還不褪色。儘管薑黃素沒甚麼危害，但我們還是要擦亮眼睛。

如何判斷雞齡？蔡昊老師告訴我，看雞皮！雞皮粗的雞，雞齡足。我們還是向前看，選擇有點像樣的餐廳好了！

細說白切雞

標準的白切雞，雞骨頭還帶着血紅色，但那不是血造成的，是血紅蛋白。一般，殺雞時已經將血放乾淨了，少量的殘留下來的血液早已凝固，加熱無法讓凝固的血變成液體。雞骨裏的血紅蛋白如果凝固，說明雞肉的溫度超過了攝氏七十度，雞肉也就變柴了。如果你不喜歡這個血腥場面，那就不吃骨頭好了。

壹・叁

烤乳豬：皮酥為上，皮脆為次

廣府人的宴會總少不了烤乳豬，不論是婚宴，還是生日宴、公司開張宴等。宴會開場時魚貫而出的烤乳豬充滿儀式感，連清明祭祖也有人扛上一隻烤乳豬——名曰「金豬」，向祖宗彙報、祈求保佑，之後分而食之。這種風俗，唯廣府人特有。

製作一隻色澤紅潤、形態完整、皮酥肉嫩、肥而不膩、入口奇香的烤乳豬，要經過一系列複雜的工序，非專業酒樓無法完成。

首先是選料，一般選用重五至六公斤左右的小豬，要求皮薄、軀體豐滿。烤乳豬要求皮酥脆，皮厚的豬難以烤出這個效果。烤乳豬要求肉既嫩又香，豐滿的小豬肉多，汁液才有藏身之處。乳豬生長時間過短，則肌肉纖維細，肉嫩倒是嫩，但風味物質積累不足。選用乳豬品種也十分關鍵，如廣西的巴馬香豬，味道就相對濃郁。民國時期的大美食家唐魯孫在《酸甜苦辣天下味》中說，上海南京路的粵菜館怡紅酒樓的烤乳豬好吃，其中一個原因就是他們在龍華有牧場，飼料考究，飼期適當，「子豬就先比別家地道，烤出來的乳豬焉能不好？」

二是整理。宰殺、放血、退毛、去內臟後，清洗乾淨，然後將其從臀部內側順脊骨劈開，除去板油，剔去前胸三至四根肋骨和肩胛骨，再用清水徹底沖洗乾淨，瀝去水分。處理過程中千萬不要損破表皮，要保持小豬外形完整。

三是醃製。將乳豬洗淨後放在工作台上，把五香粉、鹽、腐乳、芝麻醬、白糖、蒜蓉、乾葱蓉、洋葱蓉、味精、生粉、汾酒等調料調勻，塗抹在豬腹內，醃約一個小時，讓豬入味。用甚麼醬料，下多少醬料，這是各家乳豬味道差別的原因。

四是定型。用一條長四十厘米和兩條長十三厘米的木條，長木條作為直撐、短木條作為橫撐，支撐在豬腹腔內，用鐵絲紮好，使乳豬定型，再在豬身的前後各插兩根鋼叉，以便於人手握翻轉烤製。有人據此發明了專用於烤乳豬的鋼叉，烤起來方便了許多。之後，將支撐好的乳豬用攝氏七十度的熱水燙皮，淋至皮硬為止，最後揩乾豬皮表面水分。這一步甚是複雜，但卻是豬燒得均勻、形狀完整的關鍵。

五是上脆皮糖漿。將麥芽糖放入小盆內，倒入開水，待其完全溶化後，再加入白酒和浙醋調勻，即成脆皮糖漿。調製時麥芽糖一定不能多放，因其含糖分，遇熱發生褐變反應，極易上色。糖分多了，褐變反應過激，會使成品發黑。然後，將脆皮糖漿均勻地塗抹在乳豬皮上，掛在通風處，吹乾表皮。必須將豬皮表面的水分揩乾，才可塗脆皮糖漿，才能塗均勻；塗上後風乾，才可烤製。否則，成品會出現「花臉」現象。

六是烤製。方法有兩種：一是用明爐烤製，使用鐵製長方形烤爐，把爐膛燒紅後放入叉好的乳豬，在火上烤製；二是用暗爐烤製，採用一般烤製烤鴨的烤爐，採用炭火燒烤，有特殊的果木香味。不管哪種方法，烤時一定要勤轉動，才能達到色澤均勻。鑑別小豬是否成熟的方法：查看豬身流出的油，豬油呈清而帶白色時，證明乳豬已烤熟。

烤豬的歷史十分悠久，最遠可追溯至西周，當時這道稱之為「炮豚」的名菜，被定為「八珍」之一。《禮記》中的八珍，分別是淳熬（肉醬油澆飯）、淳母（肉醬油澆黃米飯）、炮豚（烤豬）、炮牂（烤羊）、擣珍（肉丸）、漬珍（酒漬牛羊肉）、熬珍（類似五香牛肉乾）和肝膋（網油烤狗肝），現在看來，也不過如此。炮豚不一定用的是乳豬，有可能是大豬，不過以當時的品種和飼養技術，豬也不會太大。北魏賈思勰的《齊民要術》，倒是把炮豚的做法說得很清楚：

「用乳下豚，極肥者，豶牸俱得。擊治一如煮法。揩洗、刮、削，令極淨。小開腹，去五藏，又淨洗。以茅茹腹令滿。柞木穿，緩火遙炙，急轉勿住。（轉常使周匝；不匝，則偏燋也）。清酒數塗，以發色（色足便止）。取新豬膏極白淨者，塗拭勿住。若無新豬膏，淨麻油亦得。色同琥珀，又類真金；入口則消，狀若凌雪，含漿膏潤，特異凡常也。」

用今天的話說，大意是：一、選用還在吃奶的肥乳豬，公母無所謂，宰殺後，將其表面擦洗、刮削得十分乾淨；二、在乳豬腹部開一個小口，去掉內臟，把腹內也洗乾淨，然後在其腹內塞滿茅草；三、用木條穿入乳豬，用慢火炙烤，乳豬距離火源要遠些，並不斷地轉動，以免烤得不均勻，再用清酒塗抹乳豬的表面以上色，還要用新鮮豬油或麻油不停地塗抹乳豬的表面；四、要將乳豬外表烤得如琥珀、真金的顏色，這時候裏面的肉白得如冰雪，嫩得入口即化，口感如美酒和香脂油，與平常的食物比味道特別新奇！

這個做法，做出來的應該是麻皮乳豬，因為烤製中有不斷刷油，但不見有醬料參與入味。與今天的烤乳豬相比，味道估計也一般。不過這說明，烤乳豬這道菜來自中原！

烤豬的歷史十分悠久，最遠可追溯至西周，當時這道稱之爲「炮豚」的名菜，被定爲「八珍」之一。

大吃貨袁枚在《隨園食單》中也記載了烤小豬：

「小豬一個，六七斤重者，鉗毛去穢，叉上炭火炙之。要四面齊到，以深黃色為度。皮上慢慢以奶酥油塗之，屢塗屢炙。食時酥為上，脆次之，硬斯下矣。」

袁枚的這個做法也沒有使用醬料入味，做出來的烤乳豬與廣東的烤乳豬沒法比。但他為烤乳豬設定了考核標準：**皮酥**為上，**皮脆**為次，**皮硬**為下。這個標準靠譜！這說明，淮揚菜中原本也有烤乳豬。

清末小說《老殘遊記》第四回記述，山東巡撫將一桌酒席送到客店款待老殘：「兩個人抬着一個三屜的長方抬盒，揭了蓋子，頭屜是碟子小碗，第二屜是燕窩魚翅等大碗，第三屜是一個燒小豬、一隻鴨子，還有兩碟點心。」這桌宴席是巡撫衙門的廚師做了送去的。清代規格較高的宴席，其中就有燒小豬和烤鴨，二者並稱為雙烤菜。這種雙烤菜直到民國初期濟南還有製作，但後來烤乳豬逐漸消逝了，估計是因為製作過程太複雜，而消費者太少。這說明，烤乳豬在山東出現過，但這是官家菜，估計是從京城帶來的，最終未能留下來進入魯菜的名單。

倒是廣府菜，把烤乳豬給繼承了下來。南越王墓出土了烤乳豬的爐和叉子，說明西漢時的廣州已有烤乳豬。這個不奇怪，秦始皇派五十萬大軍征南越，來自中原的五十萬大軍留了下來，把烤乳豬這道中原美食帶到了廣州。清末民初，粵菜館開到上海、武漢，烤乳豬成為招牌菜。而在廣州，宴會更少不了烤乳豬，城中烤乳豬做得最好的，是梁鼎芬梁太史家，秘訣就是醬料和蒜蓉與眾不同。據國民黨元老、曾任國民黨宣傳部部長的梁寒操說，廣州黃黎巷有一家莫記小館，老闆莫友竹

「原本是風雅人，用家藏紫朱八寶印泥一大盒，才把梁太史這套手藝秘方學來，莫家小販從此就以烤乳豬馳名羊城，而生意鼎盛起來」，此事見唐魯孫的《爐肉與乳豬》。這說明，民國時廣州的烤乳豬已經開始用各種醬和蒜蓉入味，來自中原的烤乳豬在廣州得到了提升，味道更勝一籌！

源於中原的烤乳豬能在廣州留下來，還不斷改良、發展，離不開廣州這個大市場。在廣州不僅宴會用烤乳豬、祭祖用烤乳豬，以前的廣州人娶媳婦，三天後帶媳婦回娘家也會用到烤乳豬——「花燭之夕若是完璧，必定有明爐烤豬同來」。這麼私密的事，居然公開表達！現在社會進步了，婚宴上就用烤乳豬，不需等三天後。

細說烤乳豬

烤乳豬分兩個流派，一是「光皮」，就是豬皮光滑，一是「麻皮」，就是豬皮起泡，如撒了一層芝麻。二者的區別，在於烤製時的工藝不同。據廣州酒家總經理趙利平先生介紹，麻皮乳豬是廣州酒家無意中發現的，而且源於一次失誤：一位師傅在烤乳豬時分了神，把一個部位燒焦了，就用刀把燒焦部位割掉，繼續烤製，沒想到這個部位起了均勻的小泡。巡場經理發現後，覺得它賣相不好，不能整隻上桌，只能將它分開出售。起泡的這一塊不能上桌，經理不捨得浪費，自己吃了，一吃才知道原來這塊肉如此酥脆，於是讓師傅還原工藝。最後這道工藝發展成烤到一定程度後用鋼針扎皮，繼續烤，麻皮乳豬因此誕生。

也有人在烤乳豬過程中給豬皮上油，再轉猛火烤，這樣「光皮」也能變成「麻皮」。「麻皮」其實是豬皮在油的參與下高溫加熱的結果，相當於油炸豬皮。用鋼針扎豬皮，是讓豬肉的油脂跑出來；往豬皮刷油，也是讓油參與，一烤，豬皮就起小油泡了。烤大豬不用鋼針扎也不用往豬皮上刷油，依然可以烤出「麻皮」的效果，那是因為大豬有足夠的脂肪，脂肪流到豬皮裏，自然就如油炸豬皮般了！

壹・肆

續說烤乳豬

烤乳豬這個話題，朋友圈議論得甚是熱鬧，這裏有必要再說道說道。

烤乳豬好不好吃，除了與豬的品種、入味與否、烤的火候有關，還與上桌的時間有關。

烤肉酥、脆的原因是食物脫水。剛烤出來的乳豬，皮或酥或脆，但如果放的時間過長，空氣中的水分就會被水分偏少的乳豬皮所吸收，這樣豬肉不僅不酥不脆，而且會變得硬起來，徹底淪為袁枚所說的「下品」。乳豬出爐多久才會變硬呢？這要看空氣的濕度了。

民國時期美食家唐魯孫在《爐肉和乳豬》中說：「台灣無論冬夏濕度均高，烤肉出爐掛在燒臘架上，要超過一小時，皮一吸濕，吃到嘴炙香全失，就不夠味了。」又說，「回想在大陸無論在平津或是廣州上海，吃明爐乳豬絕無出爐即皮軟不脆現象；尤其北平爐肉出爐三五小時，吃起來仍然是脆蹦蹦的，十之八九是礙於氣候因素，是不關手藝的良莠的。」這個「莠」字，粗劣的意思。以廣州的氣候，燒烤類的美食都有黃金「三小時極限」！

唐魯孫一九四九年隨國民黨到了台灣，還念念不忘大陸的烤乳豬，殊不知當時大陸也很快進入經濟困難時期，不要說烤乳豬，連豬屎都搶着撿。我的小學時代，每週一個下午的勞動課，內容就是撿豬屎。那時家裏不養豬，好在別人家的豬有在大街上走的，我就一路跟着牠，二師兄你總有忍不住的時候！……

烤乳豬重上廣府人的餐桌是在二十世紀八十年代後期。現在宴會上的烤乳豬普遍不好吃，主要是因為一個宴會有幾十桌，也就需要幾十頭烤乳豬，為了上菜方便，乳豬早就烤好，上桌時已經超過了黃金三個小時，豬肉自然由酥脆變硬了。另一個原因是原材料乳豬的問題，為了降低成本，從越南等地進口的冰凍乳豬，只當個道具看看就好了。從前的宴會，烤乳豬是一道大菜，現在物資豐富了，烤乳豬只是儀式的一部分。宴會菜的主角是鮑參翅肚石斑魚，烤乳豬也收不了高價，師傅們也就懶得用心做了。

烤乳豬的起源已無從考證，傳說源於一場大火，但此說法缺乏有力的證據。人類之所以能從茹毛飲血時代進入文明時代，會用火煮食是主要原因之一——由於雷劈而引起森林大火，人類發現經過火燒過的東西更好吃。也許燒烤這種烹飪方式，人類早就掌握，但那時沒有文字記載。無文字記載，無文物可以考古推論，僅憑傳說，開開玩笑可以，卻不可當真！

在中國，不獨廣府人喜歡吃乳豬，湛江也有吃烤乳豬的傳統。但對此更執着的，還應算海南臨高，臨高人的一天是從吃乳豬開始的。他們喜歡大早上來一份乳豬，或烤或蒸，加上一碗米飯、一杯米酒。不過，他們的乳豬大一點，十公斤左右。湛江和臨高都與廣府接近，這個傳統，多少也是受廣府吃烤乳豬文化的影響。

烤乳豬源自中原，卻沒在中原流行，這估計與製作過程太複雜有關。蒸全豬的製作過程簡單一點，中原倒是出現過。《世說新語》載：「武帝嘗降王武子家，武子供饌……烝豚肥美，異於常味。帝怪而問之，答曰：『以人乳飲豚。』」王武子就是王濟，曹魏司空王昶之孫，司徒王渾次子，晉文帝司馬昭之婿。王濟生活十分奢侈，麗服玉食，揮金如土。王濟請晉武帝吃飯，上的就是蒸豬，不過不是普通的豬，而是吃人奶長大的豬，帶着奶香。晉武帝司馬炎聽後很不高興，中途退席而去。幸好皇帝是王濟大舅子，否則後果不堪設想！喝人奶的乳豬帶點奶香，這是有道理的：奶香實質上是短鏈脂肪酸的作用，少許的短鏈脂肪酸產生香，而多了就是羶味！食物香臭之間，都出自同一物質，往往就需要分寸的把握。追求美食也要有度，講究與奢侈，往往也是分寸之間的事。

烤乳豬能夠在廣府人的菜單上留下來，還發揚光大，與廣府人甚麼都敢吃有關。畢竟，整豬燒烤整豬上桌，看起來有點殘忍，而且還是一隻幼豬！飲食文化的發展，是朝着更文明的方向。這一點，廣府人餐桌上的烤乳豬也有了些許變化：上桌時在豬嘴巴裏塞個蘋果，在眼睛裏塞個小番茄或者弄個閃爍的燈泡，既不至於讓豬顯得面目猙獰，又增加了喜慶！

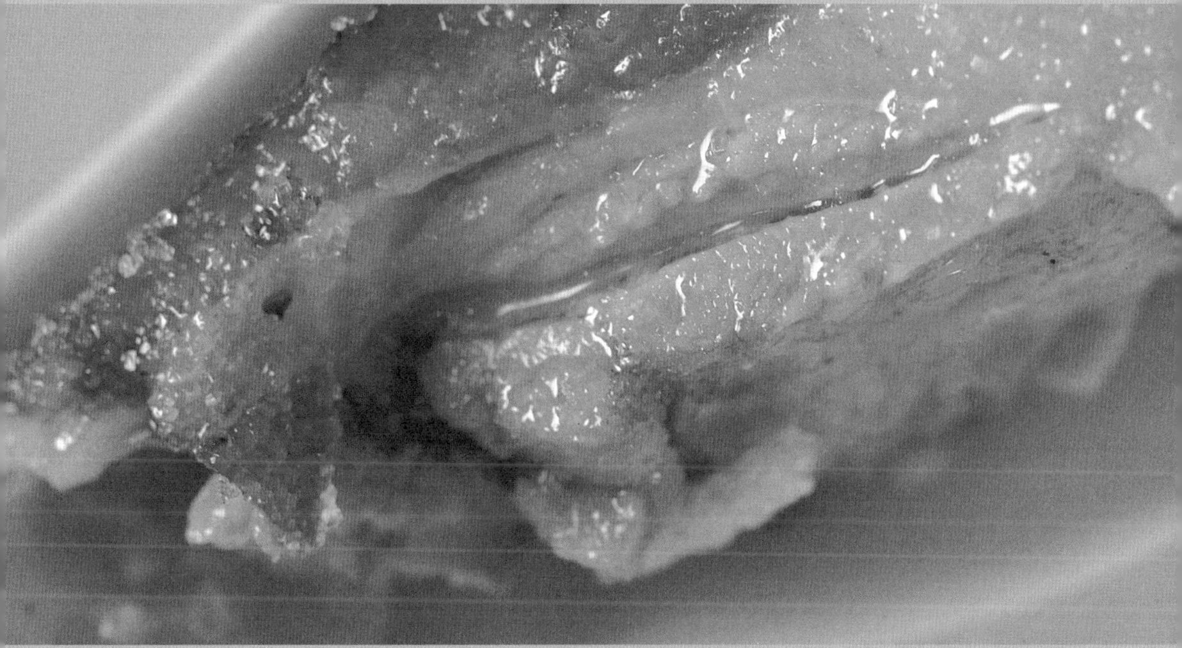

再細說烤乳豬（一）

我吃過的最好吃的一次烤乳豬，是在廣州酒家的文昌路店。乳豬在上桌前一個小時才烤好，上桌時還有餘溫，真是酥如威化餅，入口化成一口油脂，吃時太大口之故，豬油還沿着嘴角流了出來……

烤乳豬分「麻皮」和「光皮」兩個流派，口感和吃法也是不同的。由於油脂的參與，麻皮乳豬表現出來是酥，而光皮乳豬表現出來的是脆。在吃法上，光皮乳豬一般連肉吃，而麻皮乳豬是先吃皮再吃肉——若連着肉吃，皮的酥彰顯不出來！我當時吃的時候，配有一碟甜麵醬和一碟白糖，應該先蘸甜麵醬再蘸糖，這樣糖才附着得上，再包上一片小麵皮，既去膩又顯示了肉的酥脆。軟綿綿的小麵皮是脆皮的參照物，沒有對比，就沒有傷害啊！

再細說烤乳豬（二）

燒烤這個技藝，是人類最早掌握的烹飪技術，也正因如此，很多國家也有烤乳豬。比如西班牙的塞戈維亞（Segovia）有道著名的美食——烤乳豬，他們管它叫 Cochinillo asado，這可是當地必點菜。選用剛出生兩個星期的乳豬，在小豬仔的正面沿着脊椎從頭到尾剖開，再將其放入陶瓷鍋並加入一些月桂葉，之後在鍋中注滿四公升的水送入烤爐，使用約攝氏一百二十度的溫度烤一小時。

進烤爐時，豬仔是背朝下腹向上，烤了約十五分鐘後，再翻轉豬身。成品出爐時，廚師拿出專用的叉子將整鍋烤熟的乳豬端出，並且將碎蒜泥與豬油輕刷在乳豬身上。做這道菜的餐廳是西班牙塞戈維亞羅馬水道橋前的百年老餐廳 Mesón De Cándido，這家餐廳可是從一七八六年就開始營業，不過，聽說最近也關門了。新冠肺炎疫情使得這家連「二戰」都沒關門的老店也不得不關張，真可惜！（編按：餐廳官網顯示此店現時營業中，詳情請瀏覽其網頁。）

第二章

嚐海鮮

貳・壹

鯪魚的一〇八種「死法」

廣府人的餐桌又怎麼少得了鯪魚？粉葛赤小豆煲鯪魚湯、煎鯪魚餅、辣椒釀鯪魚、豆豉鯪魚油麥菜……一條多骨的淡水魚，在廣府人的餐桌上，卻有萬種風情。可以說，廣府人媽媽的味道，一定少不了鯪魚。

鯪魚，俗稱土鯪、鯪公，因其形似箭，潮汕人還叫它鯪箭。隸屬於鯉形目，鯉科，野鯪亞科，鯪屬。體紡錘形，側扁，頭短，吻圓鈍，有兩對鬚。鯪魚分佈的北限地區在北緯二十五度左右。北緯二十五度以南的分佈區有海南島、珠江、閩江、瀾滄江及元江，其中以珠江西段為最多。

鯪魚和非洲鯽魚一樣，水溫低於攝氏七度就死亡，低於攝氏十四度就不進食，最喜在攝氏二十五至三十度的水溫中生活，適於生存在廣東、海南、福建南部、雲南熱帶地區、廣西部分地區。其他地方冬天低於攝氏七度的，都不適合鯪魚生存，是故，認識鯪魚的人自然就少了。

屈原在《天問》中提到鯪魚：「鯪魚何所？鬿堆焉處？」用現在的話說，大意是：奇形鯪魚生於何方？怪鳥鬿堆長在哪裏？屈原這首《天問》提出了一百七十二個問題，鯪魚和怪鳥都是他沒見過的奇怪的東西，所以要問一下。

不僅屈原沒見過，在他之後注解《天問》的人也笑話百出，有引述南朝梁名醫陶弘景的說法，說鯪魚有四條腿的，也有把鯪魚稱為怪魚的。明朝大才子楊慎，就是寫「滾滾長江東逝水，浪花淘盡英雄」的那位，編了一本《異魚圖贊》，說鯪魚是吞舟之魚，是可以把船吞下去的怪魚！

但廣府人對鯪魚太熟悉了！鯪魚喜食河塘底下藻類，簡直就是清道夫，所以可以和其他魚混養。鯪魚味道鮮美，缺點是多骨，就需要廚師在怎麼去骨上做文章，最厲害的吃法是煎釀鯪魚：先將鯪魚肉取出，剔除魚骨，留下完好的連着魚皮的魚頭，再把取出的魚肉剁成蓉，打成魚滑，然後加入臘肉、冬菇、蝦米等材料攪拌均勻，之後塞回皮囊之中，最後煎至金黃。

鯪魚可以做鯪魚餅，將鯪魚分骨，在篩子上晾乾，放在攝氏二至三度的冰箱裏冷藏三小時，再把魚肉攪碎，加入陳皮、黑胡椒末去掉魚的腥味，並加入炒好的嫩雞蛋碎，最後煎至金黃。

鯪魚還可以做成魚麵，選用大約五百克重的鯪魚，刮出魚蓉，給魚蓉加入冰的菊花水，然後撻成魚膠，壓至如紙薄，之後切成柔韌有勁的細條。湯底用鯪魚骨和魚肉，將鯪魚骨和魚肉煎香之後加水熬成乳白色，魚麵在湯裏輕輕一燙即可撈出。那份鮮，語言無法形容。

豉汁蒸鯪魚鼻，雖然鯪魚鼻肉不多，但是骨質鬆軟，是鯪魚頭最爽滑的部分。在豉汁蒸好的鯪魚鼻上澆上滾油，最後撒上葱花，這道菜就完成了。吃的時候先啜出魚後面的腦汁，然後轉過來啜魚嘴和魚鼻，把魚頭的骨髓吮出來。那個香，簡直迷死人。

還有鯪魚球、鯪魚腸焗蛋、酥炸鯪魚肚、油炸鯪魚皮、涼拌鯪魚皮、鯪魚卷、茶蔗燻鯪魚、鯪魚粉葛湯、臘肉蒸鯪魚乾、鯪魚茄子煲等等。據說，僅在順德，鯪魚就有一百零八種「死法」。

鯪魚多骨，那是因為鯪魚生活在容易被捕撈的地方，鯪魚沒有長得又好吃又容易吃的義務，否則這個物種早就滅絕了。

做鯪魚的時候多用煎，那是為了讓蛋白質遇熱分解為氨基酸，這樣才美味；做鯪魚球、鯪魚餅，不用刀剁而用手撻，還要加冰水，是為了給魚肉降溫，因為摩擦生熱，用手撻摩擦少，產生的熱也就少一些。

我最喜歡的鯪魚做法，是廣州朝天路六嬸餐廳的做法。他們做砂鍋鯪魚筒，將一條鯪魚一刀斜切，只取鯪魚的腩肉和頭部，骨是骨，肉是肉，豉香濃得不要不要的！

做鯪魚還是順德人厲害，而且，他們還用順德第一個狀元黃士俊為鯪魚「背書」。明穆宗隆慶四年，即一五七〇年，順德開縣後第一位狀元黃士俊出生。黃士俊媽媽出生於殷實人家，堅持用鯪魚餵養孩兒。三十多年後，黃士俊中了狀元。

黃士俊中狀元與吃鯪魚扯不扯得上關係這另說，但黃士俊倒是貢獻了一所嶺南名園清暉園。黃士俊的後人也還真靠譜，順德杏壇鎮逢簡古村的文恩記掌門人、黃士俊的後代黃政文做鯪魚，確實不錯。他的狀元鯪魚餅，獲得中國烹飪協會「中國名菜」稱號，值得一嚐！

如果黃士俊中狀元真的與鯪魚有關，那怎麼也得為鯪魚之乎者也幾句，遺憾的是，這個真沒有。倒是宋朝有個詩人，姓沈，名字不詳，留下了一首詩：

清江繞檻白鷗飛，坐看潮痕上釣磯。
松菊未荒阮籍徑，芰荷先制屈平衣。

窗前楓葉曉初落，亭下鯪魚秋正肥。
安得從君理蓑笠，棹歌自趁入煙霏。

詩寫得真好，「亭下鯪魚秋正肥」，鯪魚生長緩慢，兩年才可長到四兩，三年才長到半斤。秋天是鯪魚最為肥美的時候，因為接下來的冬天，水溫低於攝氏十四度，鯪魚不進食。為了度過冬天，鯪魚必須努力增肥。半斤的鯪魚，稱為「三秋魚」，這名字很是浪漫——「一日不見，如三秋兮」，有朋自遠方來，何須上東星斑、老鼠斑？來一條三秋鯪魚，豈不更有意思？關鍵還省錢！

細說鯪魚

著名的豆豉鯪魚罐頭居然與廣東人下南洋有關。十九世紀末，許多廣東人前往南洋謀生，路上所帶食物需要長久保存，就把煎過的鯪魚、豆豉和油浸放在瓦罐中攜往異鄉享用。一八九三年，有家叫廣茂香的作坊，看到了商機，學習洋人製作罐頭的做法，開始生產裝在鐵罐中的豆豉鯪魚。這可以說是中國本土發明的第一個罐頭品類！

一開始都是小作坊手工操作，後來才機械化生產，一九一二年他們還在香港註冊了「鷹金錢」商標。這家罐頭廠先後更名廣奇香、廣利和，一九五〇年公私合營，後又在蘇聯援助下擴建為當時亞洲最大的罐頭廠——廣東罐頭廠。

有意思的是，之後二十多年，這家罐頭廠的出品絕大部分都是出口到港澳地區。而計劃經濟時代，普通人收入極其微薄，要弄到這樣的食品很不容易，主要靠港澳親戚帶回來。著名的豆豉鯪魚油麥菜，則要等到二十世紀九十年代之後才出現。在這之前，這麼難得的豆豉鯪魚罐頭，人們怎麼捨得拿來做菜？

貳・貳

貴陽酸湯魚：邊地也能出美食

來貴陽，又怎能不嚐一嚐酸湯魚？酸湯魚的湯略帶酸味，肉鮮嫩爽口開胃。一口肉、一口湯、一口酒，各種滋味疊加在一起，是一種多麼美好的享受。

董克平老師在一篇文章裏曾提到「邊地無美食」，這一說法大致是有理的——在偏遠的地方，食材只能靠當地出產，經濟欠發達，限制了美食生態的發揮。但話雖如此，偶爾卻也是有特例的，比如酸湯魚。

酸湯魚是黔、桂、湘交界地區的一道侗族名菜，與侗族相鄰的苗、水、瑤等少數民族也有相似菜餚，不過卻沒有貴州侗族的酸湯魚有名。這地區的人們喜歡吃酸，一是氣候條件使然。在或濕或熱的天氣，人的胃口不易打開，**吃酸是迅速激活味蕾的好方法**。二是這些地方受交通運輸條件和對外交流不便等因素的影響，嚴重制約了商品的貿易交換。生活用品的短缺，特別是食鹽的匱乏，促使人們不斷地去克服、去創造，不斷地豐富自己的飲食文化。久而久之，這裏的人們便創製出一種「以酸代鹽」的飲食調味方法。

「以酸代鹽」不僅在一定程度上緩解了食鹽短缺的困境，也豐富了飲食的品種。特殊的地域條件，傳統的民族飲食習慣，造成了黔東南自成一體的酸系列飲食文化。

貴州酸湯的種類多種多樣，若以湯的質量和清澈度來分，有高酸湯、上酸湯、二酸湯、清酸湯、濃酸湯等；以湯的味道來劃分，則有鹹酸湯、辣酸湯、麻辣酸湯、鮮酸湯、澀酸湯等；以湯的原料劃分，則有雞酸湯、魚酸湯、蝦酸湯、肉酸湯、蛋酸湯、豆腐酸湯、毛辣角酸湯、菜酸湯等等。

我喜歡毛辣角酸湯，「毛辣角」即野生的番茄。它的做法是將毛辣角洗淨，放入泡菜罈中，再加入子薑、大蒜、紅辣椒、鹽、糯米粉及白酒，然後灌滿罈沿水並加蓋放置半個月。半個月後開罈，將罈中固體原料剁碎或用攪拌機將其絞成蓉泥即可。

毛辣角酸湯魚的做法是，將新鮮的魚放入滾燙的酸湯中，魚熟即撈起。魚放入酸湯中的時間不宜太久，時間久了肉就變柴，也就不好吃了。

一方水土養一方人，**一方水土也出一方美食**。世間萬物，自有其美好一面，接納它、欣賞它，方能發現其美好。

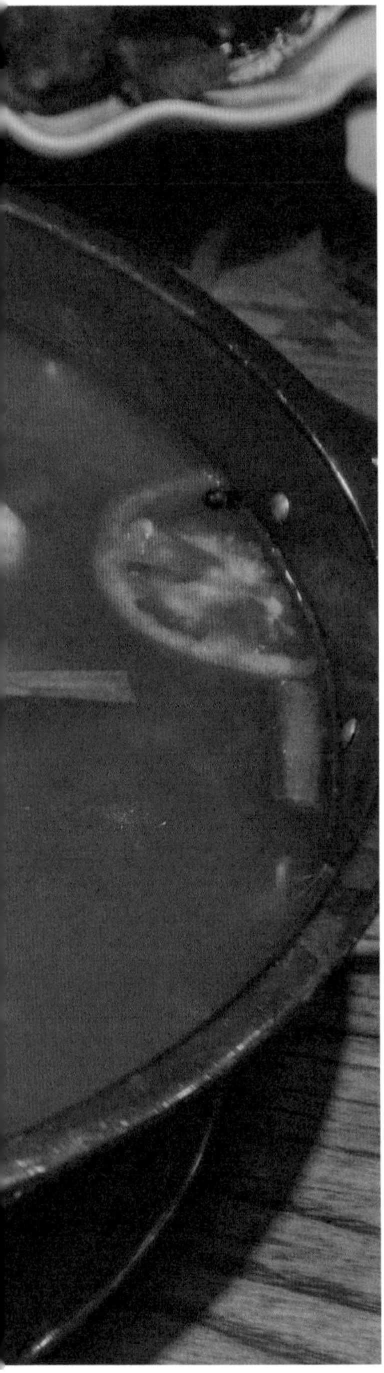

酸湯魚的湯略帶酸味，肉鮮嫩爽口開胃。一口肉、一口湯、一口酒，各種滋味疊加在一起，是一種多麼美好的享受。

貳・叁

帶魚：銀脂有益，春秋肥美

廣州的早餐是豐富的，早茶就不用說了，大街小巷的雲吞麵、牛腩粉、牛肉拉腸、生滾粥等美味無比。但這些大都在早晨七八點後供應，對於我這五點多就早起的人，與上述美味統統無緣，等不起啊！

好吧，自己動手，豐衣足食。前一天，我見菜市場有十分新鮮的帶魚（又稱牙帶魚）便買了回來，打算早上做油煎帶魚。美味的油煎帶魚，配白粥兩碗，美好的一天開始了。

帶魚在渤海、黃海、東海、南海都有，是中國四大海產之一。產量為甚麼這麼高？一條帶魚可產三萬到五萬個卵，在海洋世界，只要物種生殖功能夠強，就有生存的優勢。春季是帶魚的繁殖季節，此時的帶魚，積蓄了一個冬天的能量，十分肥美，肉多刺少，滑而不膩，既香又甜。若你不想在春季吃，就要等到秋季——另一個繁殖季了。

物以稀為貴，帶魚旺盛的繁殖能力讓帶魚難登大雅之堂。宋元以前，罕有關於帶魚的記載。直至明朝，博物學家、福建人謝肇淛才在《五雜俎》中提到帶魚：「閩有帶魚，長丈餘，無鱗而腥，諸魚中最賤者，獻客不以登俎。然中人之家，用油沃煎，亦甚馨潔。」帶魚難登大雅之堂，卻剛好足夠成為**平民美食**。

在憑票供應的物資匱乏年代，市場就有大量的帶魚，成為全民難忘的記憶。關於帶魚的烹飪方法，誰家都掌握着幾個。一九五九年，上海市飲食服務公司還編輯過一本《帶魚食譜》，各路廚師彙集，發明了六十四道有帶魚的菜，比如帶魚蟹斗、多士帶魚、八寶帶魚球、蝦仁帶魚、鐵排帶魚、台拖帶魚、帶魚鑲菜心、蜆肉帶魚脯、清炒帶魚片等，都是些費時費力的宴會菜餚。上海餐飲協會還曾試過舉辦帶魚宴。

市場上，再新鮮的帶魚也很難見到活的。這是因為捕撈帶魚的時候，漁民將帶魚從深海拉至水面，劇烈的水壓變化使帶魚器官破裂出血而死。

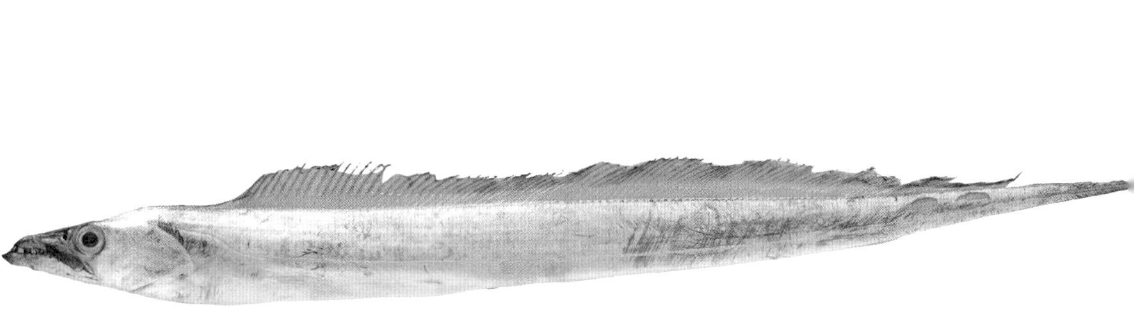

既然不能捕撈活帶魚，那養殖活帶魚呢？帶魚至今仍是中國捕撈魚類中產量最高的，產量比較穩定，沒有必要養殖。另外，帶魚習性兇猛、需要洄游、棲息環境特殊，相關研究仍需深入，以現在的技術還無法成功養殖帶魚。

新鮮的帶魚，**清蒸就是最好的選擇**。我在廣州藤鶴餐廳吃過日本做法的帶魚，藤鶴餐廳將帶魚做成刺身或是壽司，很是特別。聽說還有人烤着吃，鹽燒帶魚、蒲燒帶魚、西京燒帶魚，味道想必不錯。

細說帶魚（一）

帶魚的脂肪不僅存在於肉中，更存在於外表一層銀白色的魚鱗中。其實所謂的銀鱗並不是鱗，而是一層由特殊脂肪形成的表皮，稱為「銀脂」。看帶魚新鮮與否，要看這層「銀脂」是否有光澤，是否閃亮。

「銀脂」是營養價值較高且無腥無味的優質脂肪，該脂肪中含有三種對人體極為有益的物質：

一、不飽和脂肪酸。不飽和脂肪酸具有降低膽固醇的功效，同時可以增強皮膚表面細胞的活力，使皮膚細嫩、光潔，使頭髮烏黑光亮，是難得的美容秀髮產品。

二、卵磷脂。卵磷脂可減少細胞的死亡率，使大腦延緩衰老，被譽為能使人返老還童的魔力食品。

三、6-硫代鳥嘌呤物質。該物質是一種天然抗癌劑，對白血病（血癌）、胃癌、淋巴腫瘤均有防治作用。

細說帶魚（二）

東海、黃海、渤海、南海都盛產帶魚，但你要是去問生活在沿海城市的人們，哪裏的帶魚最好吃。他們的答案基本都是一樣的：本地的才是最好吃的。這是為甚麼呢？因為帶魚給大家的印象是腥，只有新鮮的帶魚腥味才不明顯，而當地產的帶魚無疑是最新鮮的。帶魚死後，隨着時間的推移，體內的氧化三甲胺逐漸被細菌分解為三甲胺，這是魚腥味的主要來源。如果冰鮮條件不佳，魚腥味就會更加明顯。

另外，冷凍帶魚中羥基化合物含量會高於新鮮帶魚，這也會產生腥味。如果在運輸和儲存過程中反覆凍融，帶魚的風味會進一步下降。市場上冰鮮帶魚的價格，比冷凍的貴將近一倍。所以，沿海地區的人們能吃到本地出產的、更新鮮的帶魚，便認為本地的最好吃。

貳・肆

小龍蝦：拆解網紅食物迷思

全國各地不同的宵夜文化，反映出不同地域的飲食偏好。而小龍蝦，則是近年風靡大江南北的宵夜網紅食品。喜歡的人說它爽而香，不喜歡的人說它不衞生又麻煩，但也只能悄悄說，彷彿不吃小龍蝦，就與這個時代格格不入一般！

小龍蝦，也稱克氏原螯蝦、紅螯蝦和淡水小龍蝦，棲息於永久性溪流和沼澤，臨時的棲息地包括溝渠和池塘。因其雜食性、生長速度快、適應能力強而在當地生態環境中形成絕對的競爭優勢。其攝食範圍包括水草、藻類、水生昆蟲、動物屍體等，食物匱乏之時亦自相殘殺。在溪流中，牠們通常與植物或木質碎屑混雜在一起，會破壞和削弱堤岸。在洪水退去的地區，可以在簡單的洞穴中發現牠們。

作為網紅食物，小龍蝦也被各種爭議包圍，

比如外國人不吃，只有中國人吃；比如小龍蝦喜歡生活在骯髒的環境，不乾淨；比如小龍蝦重金屬超標……好吧，在此我們耐心地一一討論。

一、外國人不吃小龍蝦嗎？

美國路易斯安那州人狂熱地喜歡吃小龍蝦，而且把小龍蝦當成該州的標誌。該州小龍蝦的養殖模式主要是「種稻養蝦」，即在稻田裏插秧，等水稻成熟、收割後隨即放水淹沒秸稈，然後投放小龍蝦苗種，被淹的水稻秸稈直接或間接地成為小龍蝦的飼料來源。瑞典人還專門有一個「龍蝦節」，就在每年八月份的第一個星期。澳洲、芬蘭、法國、英國、奧地利、德國、波蘭、俄羅斯，以及非洲的很多國家都養殖和吃小龍蝦。

二、小龍蝦喜歡生活在骯髒的環境，因此不乾淨？

其實，小龍蝦並非喜歡骯髒的環境，而是因為其生存能力超強，即使是差一些的水體也能生存。小龍蝦的這一本領來自牠吃藻類，從中吸食並貯存了大量的蝦青素，而蝦青素天然的抗氧化功能，讓小龍蝦在惡劣的環境下也能生存。當然，我們應該避免吃不健康水體養殖的小龍蝦，辦法是看小龍蝦的腹部，如果小龍蝦腹部發黑，說明水體不好。不良商家用洗蝦粉洗小龍蝦，這樣的小龍蝦發白發亮，但會掉腳，一看就知道了。

三、小龍蝦重金屬超標？

這點你放心好了，小龍蝦的重金屬主要集中在蝦殼裏。一隻擺上餐桌的小龍蝦，一生要脫十一

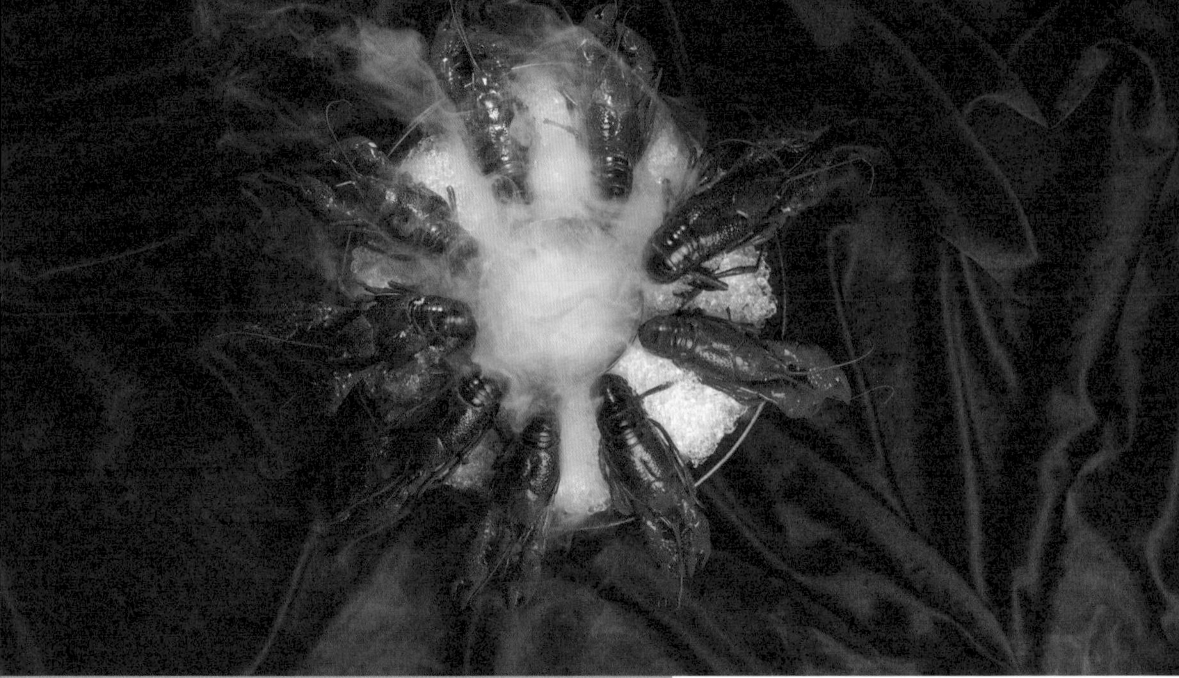

次殼，沒多少時間可以聚積重金屬。再說了，我們日常使用的食材，又有哪些是重金屬不超標的呢？

所以，如果你因為上述爭議不敢吃小龍蝦，那倒沒必要。陳曉卿老師說，小龍蝦是人與人溝通的最佳食品，因為大家雙手掰小龍蝦，就沒法看手機了。

細說小龍蝦

和其他甲殼類的水產品一樣，小龍蝦加熱後會散發出類似爆米花或炒堅果般醉人的芬芳，這是氨基酸分子和糖類分子共同反應的結果。

和魚肉相仿，甲殼生物體內含有大量白色的肌肉，而結締組織的膠原含量又高於魚肉，這就賦予了牠們緊緻卻富有彈性且不易鬆散的肉質。外殼中的甲殼藍蛋白加熱變性，釋放出游離的蝦紅素，使小龍蝦呈現出鮮亮的紅色，強烈地刺激着人們的食慾。

價格親民的小龍蝦常與重口味調料配搭，辛辣的口味撩撥着舌尖，刺激腦下垂體持續分泌內啡肽（又稱：安多酚），給食客們帶來綿延不絕的歡愉感和滿滿的幸福感，撫慰着身處於生活重壓下的城市人群。

貳・伍

正宗陽澄湖大閘蟹，一蟹難尋

應志哥邀請，我們曾去陸語茶室品嚐正宗的陽澄湖大閘蟹。在當今假貨當道的年代，能吃到正宗的陽澄湖大閘蟹我感到非常榮幸，這也是我近幾年吃到的最好吃的大閘蟹。

青殼白肚、金爪黃毛是陽澄湖大閘蟹的標誌，不過這次的大閘蟹，蟹爪金色不夠深，毛也略顯黑，將大閘蟹倒放在玻璃上時，它迅速翻轉，不是用八爪撐起的。所以我當時有些疑心，直到蒸熟的蟹肉入口才釋然：**膏體飽滿到吃一小口即有封喉**的感覺，這是陽澄湖或陽澄湖附近大閘蟹才有的特質！我的判斷是，這不是陽澄湖中湖的大閘蟹，很可能是陽澄湖東湖或西湖的，又或者是陽澄湖附近的大閘蟹。一問，果然蟹老闆說是東湖的。蟹老闆實話實說，近三兩一隻的公蟹進貨價一百六十元，價錢還算公道；當然，到顧客手裏就要三百元以上了。貴是貴一點，但要想吃到接近正宗的陽澄湖大閘蟹，確實需要這個價。

中國已有近五千年的吃蟹歷史。考古工作者在對上海青浦的崧澤文化、浙江余杭的良渚文化進行發掘時發現，在我們的先民食剩的廢棄物中，就有大量的河蟹蟹殼。至於文獻記載，《周禮》中載有「蟹胥」，據說這是一種螃蟹醬，可見早在二千多年前，螃蟹已作為食物出現在我們祖先的筵席上了。北魏賈思勰的《齊民要術》介紹了醃製螃蟹的「藏蟹法」，把吃蟹的方法又改進了一步。後來陸龜蒙的《蟹志》、傅肱的《蟹譜》、高似孫的《蟹略》，都是有關蟹的專著。

在中國，有三個地區生長的河蟹品質最好：地處蘇皖兩省的古丹陽大澤河蟹——花津蟹；河北白洋澱河蟹——勝芳蟹；江蘇陽澄湖的大閘蟹。這三者中，尤以**陽澄湖大閘蟹最為出名**。章太炎夫人湯國黎女士有詩曰：「不是陽澄蟹味好，此生何必住蘇州。」這是陽澄湖大閘蟹最好的廣告。

為甚麼叫大閘蟹？清末民初江蘇文人包天笑曾對這個名稱寫過一篇《大閘蟹史考》：「凡捕蟹者，他們在港灣間，必設一閘，以竹編成。夜來隔閘，置一燈火，蟹見火光，即爬上竹閘，即在閘上一一捕之，甚為便捷，這便是閘蟹之名所由來了。」

竹閘就是竹籪，籪上捕捉到的蟹被稱為閘蟹，個頭大的就被稱為大閘蟹。又因其產自陽澄湖，故名陽澄湖大閘蟹。

尋找正宗的陽澄湖大閘蟹確實十分困難，就算到產地吃和採購，也有可能遇到假貨。若不是行家，還真難有口福。

細說大閘蟹

陽澄湖總面積一百一十七平方公里，是太湖下游湖群之一。湖中縱列沙埂兩條，將陽澄湖分為東、中、西三湖。東湖最大，水深1.7至2.5米；中湖和西湖，水深1.5至3.0米。中湖水質最好，清純如鏡，水淺底硬，水草豐茂，延伸寬闊，氣候得宜，正是螃蟹生長最理想的水晶宮。所以，中湖出產的大閘蟹最正宗，其形態和肉質，在螃蟹家族中，大大與眾不同。

貳・陸

黃油蟹：蟹中極品

每逢炎夏產卵季節，少量成熟的膏蟹會在產卵時棲身於珠三角淺灘河畔。由於過於肥美，膏蟹很難脫殼，沒法完成由重殼蟹變成軟殼蟹的過程。退潮時，猛烈的陽光使淺灘上的水溫升高，膏蟹受到刺激，體內的蟹膏分解成金黃色的油質，然後滲透至身體的各個部分，整隻蟹便充滿黃油，蟹身呈橙黃色，故被稱為黃油蟹。

如何分辨頂級的黃油蟹？首先看牠出身，以深圳海域福永、沙井、白石洲，以及香港海域流浮山所產最佳，其他地方的黃油蟹略遜。然後就是「驗明正身」了，飽滿流油的黃油蟹，蟹腳關節金黃，蟹厴鼓脹，用手按蟹厴，會覺得有些軟，因為膏都化油了。若是按下去帶硬，則說明膏尚未化盡，這樣的黃油蟹較次。最後是看蟹面，把黃油蟹拿到日光下或用燈光照看，以手掌略擋在蟹面上遮一遮光，就可以看到蟹殼兩邊是否通透，越通透，說明膏化油越好，油越多。

黃油蟹以油膏甘香、肉質鮮嫩見稱，因此最好清蒸，保持其原汁原味。揭開蒸好的黃油蟹的蟹蓋，一股特殊的蟹油香味將撲面而來；細細品味，蟹蓋上一層黃澄澄的蟹膏甘香嫩滑，美味獨特，黃油蟹不愧為「蟹中極品」。當然，若是鹽焗或者油焗，蟹肉在高溫下發生梅納反應，使蟹肉蛋白分解為呈鮮味的氨基酸，味道也是相當銷魂。

不論何種做法，都必須保持黃油蟹的完整，否則黃油流失，還不如吃肉蟹。為了避免烹飪過程中黃油蟹掙扎逃脫，師傅們會把黃油蟹連繩子放進冰水中凍死，這樣就妥當了。當然了，把蟹凍死後必須馬上蒸或焗，否則，蟹裏的蛋白酶會分解蛋白質，氧化三甲胺也會分解為三甲胺，開啟了食物腐敗的過程。

現在，市面上的黃油蟹多數是人工飼養的，養在蟹籠裏。在酷熱的天氣中，每籠蟹幾乎每天都有一兩隻黃油蟹。行內所謂的頭手、二手，說的是挑蟹的順序。能否拿到頭手的黃油蟹，全憑關係。至於野生的黃油蟹，味道略帶鹹香，那是可遇不可求的，我們只想想就好了。

吃蟹要知足，做人也大抵如此。

細細品味，蟹蓋上一層黃澄澄的蟹膏甘香嫩滑，
美味獨特，黃油蟹不愧爲「蟹中極品」。

貳・柒

東坡未嚐西施乳

《現代漢語詞典》（第七版）把魚白解釋為「魚的精液」，這是錯的，魚白又叫魚的精巢，是魚製造和貯存精子的器官。而部分網友把西施乳這一叫法歸功於蘇東坡，也是無稽之談。據傳，蘇東坡喜歡吃河豚，為此寫下「竹外桃花三兩枝，春江水暖鴨先知。蔞蒿滿地蘆芽短，正是河豚欲上時」的詩句。但翻遍蘇東坡文集，卻沒找到他吃河豚白子的記載。

那首據說是蘇東坡讚美白子的詩「蔞蒿短短荻芽肥，正是河豚欲上時。甘美遠勝西子乳，吳王當日未曾知」，其實出自南宋詩人嚴有翼。這個嚴有翼，專門挑剔蘇東坡，從典故到美食，以攻擊蘇東坡博出名。清代大美食家袁枚在《隨園詩話》卷五說：「宋嚴有翼詆東坡詩，『誤以蔥為韭，以長桑君為倉公，以摸金校尉為摸金中郎。』所用典故，被其捃摭，幾無完膚。然七百年來，人知有東坡，不知有嚴有翼。」世人張冠李戴，把嚴有翼的詩戴在蘇東坡身上，東坡地下有靈，應該不會同意。

最早把河豚白子稱為西施乳的，不是蘇東坡或嚴有翼，而是南宋趙彥衛。他在《雲麓漫鈔》中寫道：

河豚腹脹而斑狀甚醜，

腹中有白曰訥，有肝曰脂，訥最甘肥，

吳人甚珍之，目為西施乳。

南宋哲學家薛季宣有《河豚》詩「西施乳嫩可奴酪」，說其嫩勝於乳酪。清代浙西詞派的朱彝尊《河豚歌》稱「西施乳滑恣教齧」，則是讚其滑。追根溯源，還是需嚴謹些，否則容易出笑話。

細說鱈魚白子

白子，是公魚的精巢。鱈魚白子，取自太平洋鱈魚，因此真鱈白子也被稱為「真白」，它被認為是白子裏最優質的一種。鱈魚的精巢形如卷雲、蜿蜒曲折，表面佈滿溝壑，因此「鱈魚白子」又被稱為「雲子」。

鱈魚白子的食用時令通常在冬季，為繁殖季孕育和儲備的精囊異常豐腴。白子並沒有想像中那麼味道重，相反，它們總體上口感清甜而溫和，豐腴順滑，細膩如忌廉或骨髓。輕度的火炙，讓白子不至於輕浮；用醋漬，氫離子搶先與氧化三甲胺發生反應，減弱了腥的元兇——三甲胺的形成，因此不腥。

細說河豚白子

中國古時稱之為「西施乳」，通常取材於虎河豚或縞河豚等精囊無毒的河豚。河豚的精巢外形圓潤飽滿，看起來就像一整瓣的榴槤，體型最大的虎河豚，單枚白子可以超過五百克。與鱈魚白子的嫩滑比，河豚白子略顯粗澀，鱈魚白子更像動物腦髓，而河豚白子更像芝士，這是因為鱈魚白子的分子結構更小，所以表現出來的口感就更為細膩。

貳・捌

魚膠：駐顏之寶？

某天，我曾心血來潮，將珍藏了一年左右的鮸魚肚煮了。這個魚肚來自七十多斤的黃金鮸，夠厚夠大，放的時間不長，今天發好就吃，也夠新鮮，故口感黏膩，清新且不腥。

魚肚也叫魚膠、花膠，其實不是魚的肚子，而是魚鰾。因其吃起來極具黏性，像膠一樣，故名魚膠。又因為好多魚膠來自大黃花魚，叫大黃花魚膠太煩瑣，故簡稱花膠。**魚膠中含有大量的膠原蛋白質**，且易於被人體吸收和利用。人體皮膚中的蛋白質有百分之七十是膠原蛋白，膠原蛋白組成的網狀結構支撐着皮膚，使肌膚看起來光滑飽滿，柔軟又富有彈性。隨着年齡的增長，我們皮膚組織中的膠原蛋白流失的速度漸漸超過了生成的速度，於是皮膚失去彈性變薄老化，出現鬆弛、皺紋、乾澀等現象，所以適時補充膠原蛋白，可使皮膚恢復青春活力。

魚膠對胃潰瘍疾病和產後出血具有一定功效。潮汕人把黃金魚膠當成治產後出血的神藥，掛在房樑以備不時之需。但產後出血畢竟少數，產後恢復倒是必須，產後或者手術後食用魚膠燉冰糖倒是潮汕風俗。這道菜真奇怪，魚膠極腥，做成甜品只會放大腥味。蔡昊的考證是：以前物資缺乏，家中珍藏的魚膠也沒甚麼好東西搭配，冰糖已是最好的東西了，把最珍貴的兩樣東西拿出來就是了，總不能用鹹菜菜脯來搭配吧！這個說法很有道理。其實，魚膠不宜久放，久放的魚膠黏性盡失，膠原蛋白也就流失了，雖然發後仍很厚，但如鬆糕般，可惜了。

魚膠以大和厚為佳品，大的魚膠要泡三天再用開水發，酒樓會發好後放冰箱冷藏備用。但現在吃貴價菜的客人少了，導致發好的魚膠很可能存放太久，變得口感不好。

細說魚膠

當然，魚膠中的膠原蛋白並不能等同於人體的膠原蛋白，我們把魚膠的膠原蛋白吃進肚子裏，胃裏的胃酸、各種蛋白酶會把它們「五馬分屍」，轉化為氨基酸，能不能再轉化成人體所需的膠原蛋白，現在科學還沒法解密，一旦人體的膠原蛋白形成機制被破解，大家自然駐顏有術。不過，若我們吃魚膠時相信這種美好，自然會感覺食物美味很多，幸福很多！

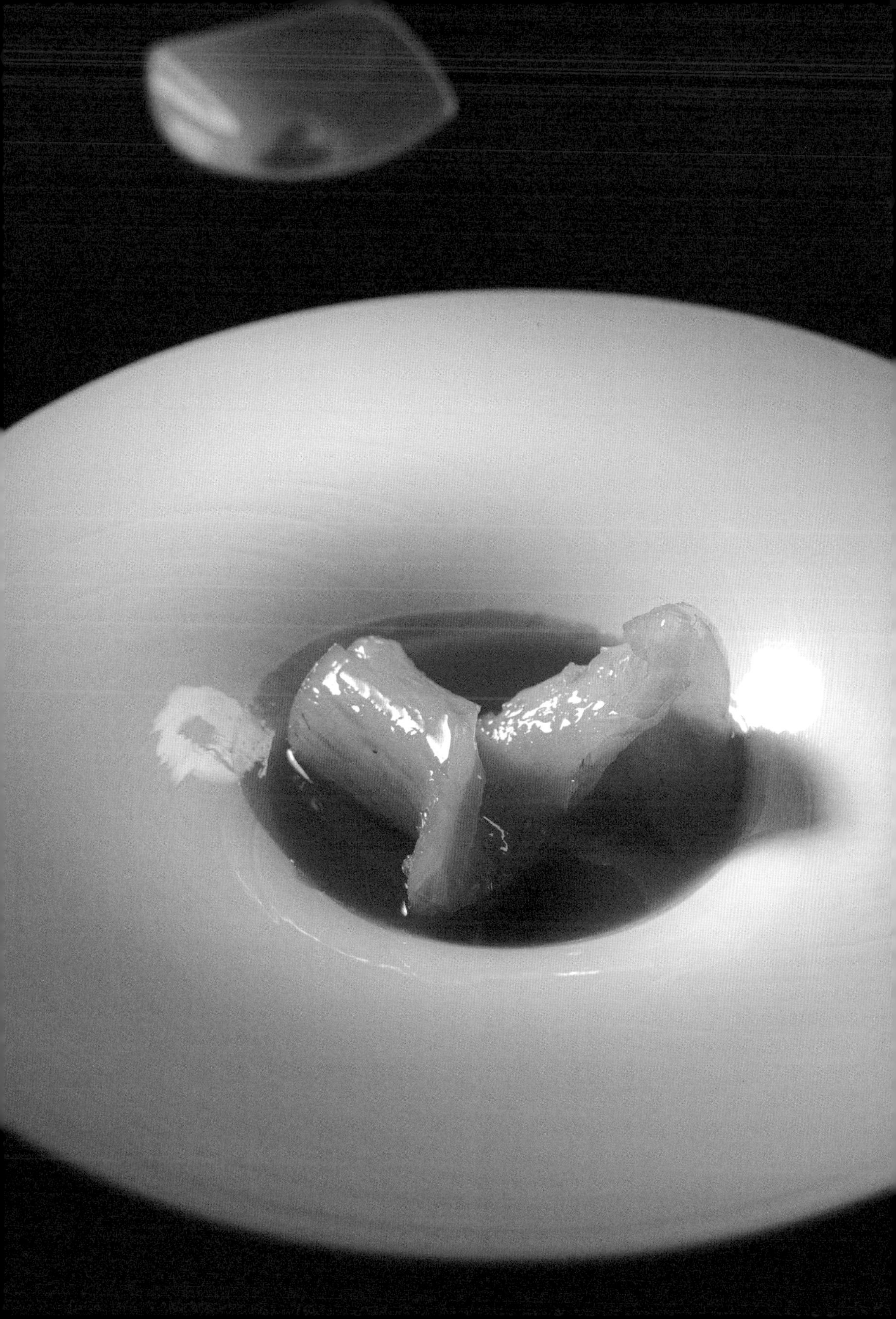

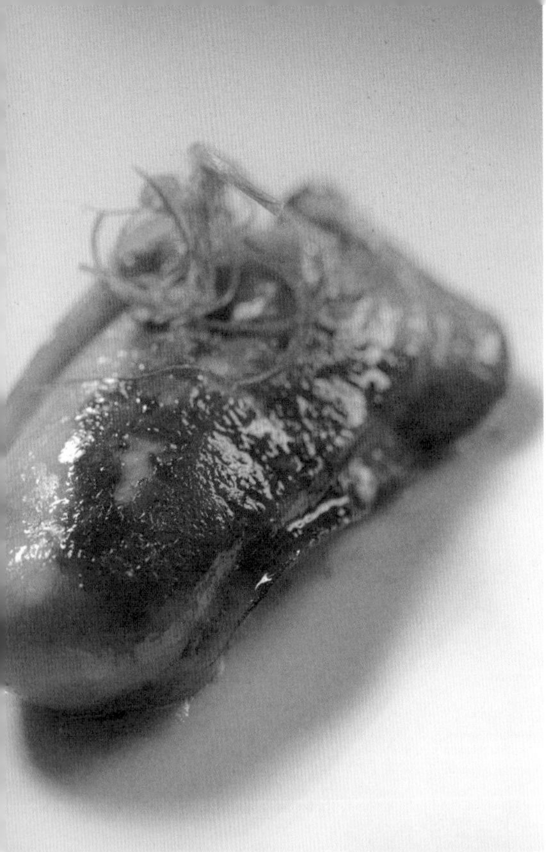

貳・玖

蠔：綿密的法式深吻

「冬至到清明，蠔肉肥晶晶。」從入冬直到第二年四月是蠔肉最肥美的季節。整隻蠔連蠔汁一起蒸，不用加任何調料，**就鮮美到極致**。

蠔演化於侏羅紀，在溫暖的南方海域，島嶼周圍的海床及岩石上生活。韓愈在潮州時說「蠔相黏為山，百十各自生」，既說明了野生蠔的生活方式，也說明當時只有極少數南方人吃蠔，中原人大多不知蠔為何物。

世界上，共計有百多種蠔，中國沿海產的約有二十多種。蠔肉肥爽滑，味道鮮美，營養豐富，素有「海底牛奶」之美稱。生蠔的營養豐富，高蛋白低脂肪，含有人體必需的八種氨基酸，還有糖原、牛磺酸、穀胱氨酸、維他命A、鋅、鈣等元素。這些營養成分讓生蠔有着美容養顏、寧心安神、益智健腦的功效。

生蠔品牌多如星辰，僅僅法國常見的，就有白珍珠、黑珍珠、貝隆、吉拉多、黃金、粉鑽等等，其實沒必要記住牠們的名字，記住最符合自己口味的品牌即可。

廣東的陽江市、汕尾市，以及潮州市的饒平縣汫洲鎮均是蠔的優良產區，早就實現了人工養殖，近海污染也在所難免。生吃蠔有點危險，要想吃熟的，有清蒸、蒜蓉蒸、炭燒、白灼、蠔仔烙、蠔飯、鐵板燒等等做法。各人有各人喜歡的做法，但有兩個要求是共同的：一是盡量保留蠔的水分，不使水分流失太多；二是盡量留住開蠔時的原汁液，這東西煮後是奶白色，滿滿的蛋白和氨基酸，是好東西！

蠔是通過過濾海水中的微生物和藻類吸食的，所以人工養殖的，品質也一樣優秀。大致上，海水鹽度越高，蠔的味道越濃，海水溫度越低，越有嚼頭。蠔的產卵期在每年的六七月份，經過十五至十八個月才成熟，也就是在來年的冬至到第三年的清明時節成熟。一般的海產是產卵前最為肥美，但蠔除外，原因是蠔在低於攝氏十度、高於攝氏二十五度時基本不進食。六七月份溫度超過攝氏二十五度，蠔不吃不喝，自然「骨瘦如柴」。

對生蠔研究得深的人，據說可以分辨出不同產區生蠔的細微差別。法國貝隆蠔口感粗獷、肉質爽脆、回味強勁，有海草味和金屬味；法國吉拉多蠔有淡淡的甜鹹口感，略帶青瓜、甜瓜和忌廉味道；美國熊本蠔有濃濃的忌廉和牛油味道，還有堅果的餘香；美國西海岸奧林匹亞蠔有海藻和礦石味道，以及美國東海岸弗吉尼亞蠔有淡淡的綠葉氣息。這些我都品嚐不出來，我還是嫌生蠔太腥。也許我屬重口味，喜歡加點辣椒油、檸檬、番茄醬等。

吃蠔時，嘴唇抵住蠔殼邊緣，輕輕吸吮蠔汁，然後舌尖觸及蠔肉，嗖的一聲，豐厚肥美的蠔肉就進入口中，綿密得宛如一個法式深吻，有種令人窒息的衝動。

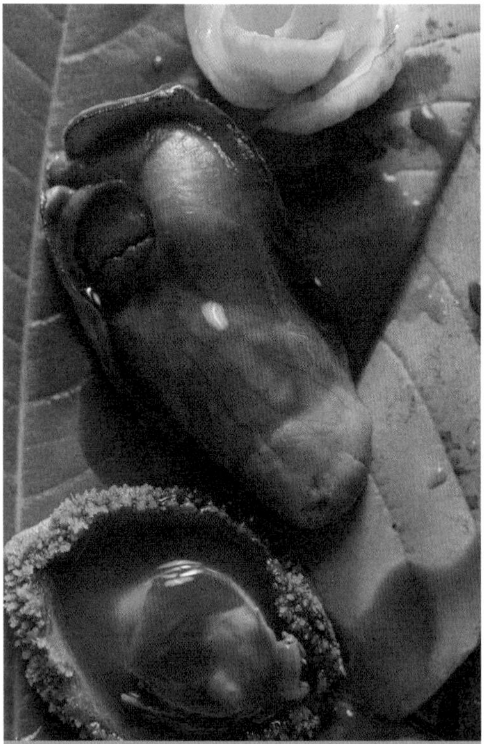

細說蠔

一八八八年，江門新會人李錦裳在給客人煮蠔時，不知因為甚麼事走開了，蠔煮糊了，變成一鍋咖啡色的糊糊。李錦裳一嚐，發現其美味無比，於是蠔油便誕生了，品牌就是李錦記。不過，一斤蠔油要三十斤蠔才可熬製出來，現在市面上的蠔油究竟有沒有蠔，誰知道呢！

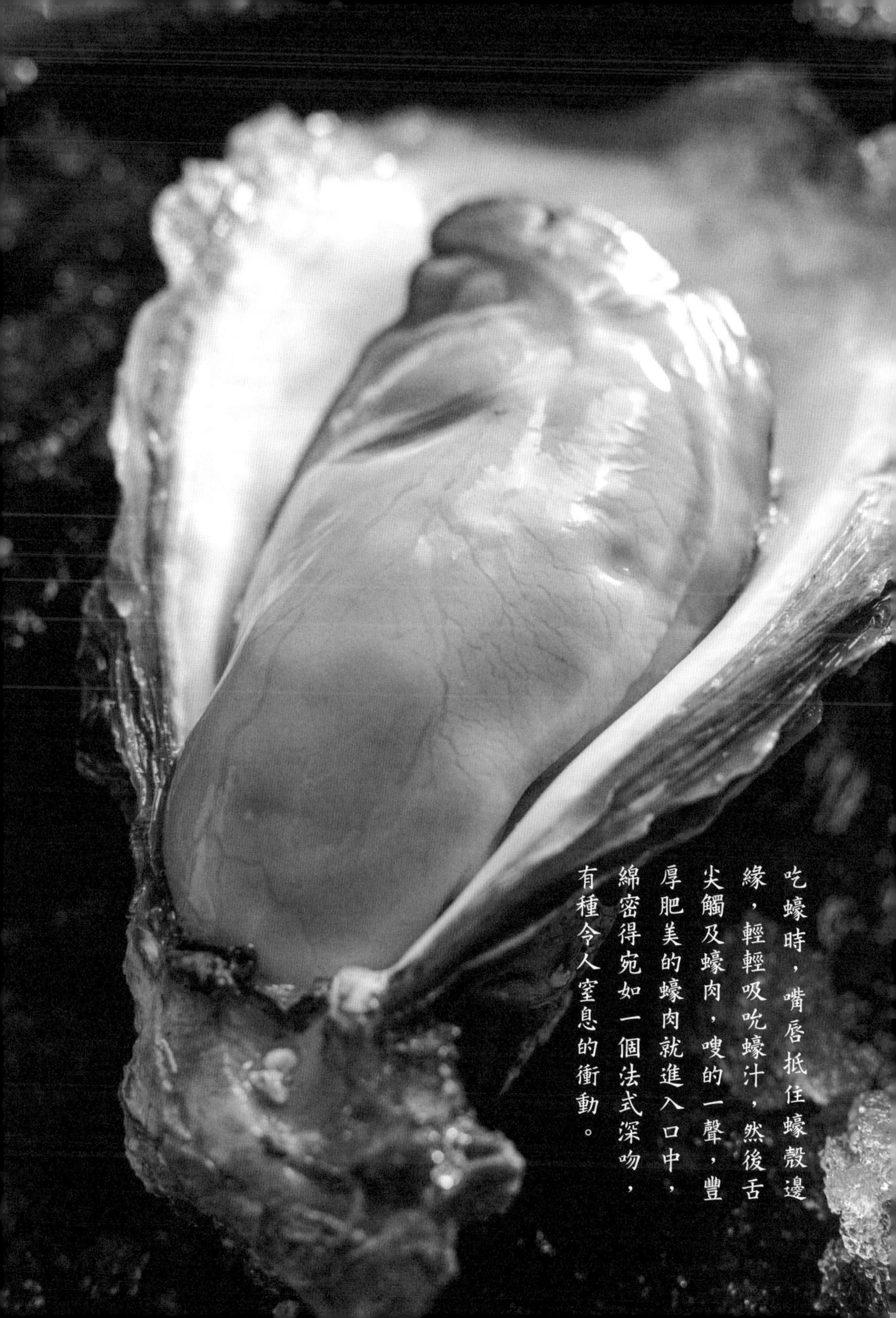

吃蠔時，嘴唇抵住蠔殼邊緣，輕輕吸吮蠔汁，然後舌尖觸及蠔肉，嗖的一聲，豐厚肥美的蠔肉就進入口中，綿密得宛如一個法式深吻，有種令人窒息的衝動。

第三章

細嚼蔬菜

叁・壹

浙江大廈的春筍

每年春天，浙江天目山的春筍被運到店裏的時候，浙江大廈餐廳柴總都會約上三五好友，大家聚在一起，體味春天的味道。

從二月底開始到五月份，都是春筍生長的季節。緯度不同、海拔高度不同，春筍生長時間也有先有後。大致來說，二月份到四月初長出來的是早筍，四月中、下旬則是中筍，五月份是晚筍。早、晚筍基本不會長成竹子，挖出來吃不至於影響生態平衡，中筍可以長成竹子，需要適度保護。此時的天目山春筍，正是早筍，脆而無渣，清香無比。浙江大廈的雞湯煨筍、油燜筍、紅燒肉春筍、春韭炒春筍，做得都極有韻味，加上來自東海的帶魚、梅童魚，山珍海味就齊了。

竹筍富含膳食纖維，在經過我們的消化系統時，膳食纖維將未被消化的部分帶走，在排出時順便把腸道的毒素也清理了。竹筍的清香來自它自身帶的硫化物，鮮甜來自它本身富含的氨基酸，硫化物的含量在竹子還處於竹筍狀態時達到峰值。竹筍含草酸，所以有苦澀味，草酸溶於脂肪，故竹筍和肉是絕配。草酸會誘發哮喘病、過敏性鼻炎、皮炎、蕁麻疹等，所以說竹筍是發物有一定道理。草酸鈣沉澱形成結石，所以有腎結石、尿道結石的人要少吃。竹筍富含膳食纖維，難消化，胃病患者也要慎吃。

春筍的鮮美廣受人們歡迎，在物資缺乏年代，老祖宗千方百計尋找一切可以吃的東西，埋在地下的竹筍自然難逃羅網。草書第一人懷素有個《苦筍帖》，僅十四字：「苦筍及茗異常佳，乃可徑來。懷素上。」大意是：你的苦筍和茶葉，味道好極了，有這兩樣東西，你可隨時來！

杜甫也是筍的粉絲，有詩為證——《送王十五判官扶侍還黔中（得開字）》有詩句「青青竹筍迎船出，日日江魚入饌來」。意思是說：若沒甚麼好吃的，開船出去，上山挖竹筍，下河撈點魚蝦，就是一頓了。唐代詩人陸龜蒙所著《丁隱君歌》中，有詩句「盤燒天竺春筍肥，琴倚洞庭秋石瘦」。李商隱筆下有「嫩籜香苞初出林，於陵論價重如金」。

吃貨蘇東坡在黃州時也寫道：

長江繞郭知魚美，好竹連山覺筍香。

記錄北宋生活的《東京夢華錄》中，提到的竹筍的做法就有二十一種。把筍視為「蔬食中第一品」的李漁，在《閒情偶寄》中提到筍說：「以之伴葷，則牛羊雞鴨等物皆非所宜，獨宜於豕，又獨宜於肥。肥非欲其膩也，肉之肥者能甘，甘味入筍，則不見其甘，但覺其鮮之至也。」李漁的這一說法，大意是：筍不適合與牛羊雞鴨一起煮，只適合肥豬肉，肥豬肉甘，遇筍變鮮。這未免太過主觀，潮菜中的名菜竹筍鴨、雞湯筍絲就很好吃。說肥豬肉遇筍由甘變鮮，也沒道理，它的原理是：肥肉的脂肪可以分解竹筍的草酸，所以不苦，肉裏的穀氨酸與竹筍的穀氨酸和天冬氨酸則負責提供鮮。

除了春筍和冬筍，其實還有夏筍，這主要是由不同地區的筍生產條件的差異決定的。長江流域出產毛竹，毛竹的地下莖入土較深，竹鞭和筍芽藉土層保護，冬季不易受凍害，出筍期主要在春季。福建、潮汕地區出產的是痲竹，痲竹的地下莖入土淺，筍芽常露出土面，冬季易受凍害，出筍期主要在夏秋季。

好吧，我是不是太貪心了，從春筍又想到了冬筍和夏筍，吃着碗裏的，看着鍋裏的，不合適。

細說竹筍

竹筍的鮮嫩來源於其中的游離氨基酸和糖。尤其是穀氨酸和天冬氨酸，是竹筍鮮味的主要來源；而糖，則賦予了它們甜和脆嫩的口感。隨着竹筍逐漸長大，氨基酸分解或者轉化成了別的物質，而糖轉變成了纖維，於是鮮甜脆嫩都逐漸消失，最後竹筍成了竹子。

竹筍的生命極為旺盛。當竹筍被採收，氨基酸和糖的來源就被中止了，而它們的轉化卻在繼續，甚至更為旺盛。有研究人員測試過竹筍被採收後的呼吸作用，發現竹筍在被採收後的五小時內會出現一個呼吸高峰。所以，吃竹筍最好在產區吃，竹筍被採挖下來五個小時後，氨基酸已經大量分解，糖也大量纖維化，表現出來就是老了。

叁・貳

雞㙡菌：比雞肉更鮮甜

夏天恰好是雲南諸菌上市季節，我在大理避暑的幾天，每餐都是各種菌。眾多菌中，我最喜歡的是雞㙡菌。

雞㙡菌比土雞肉還鮮甜，是其他菌無法相比的，這是因為它含有豐富的氨基酸——二十種氨基酸，其中核苷酸尤為突出。核苷酸的鮮甜味，遇上穀氨酸，不是一加一等於二，而是把鮮味放大了二十倍。

《黔書》記載：「雞㙡，秋七月生淺草中，初奮地則如笠，漸如蓋，移晷紛披如雞羽，故名雞，以其從土出，故名㙡。」

白蟻在建巢中為雞㙡菌傳播菌種，又從雞㙡菌的小白球獲得各種營養和抗病物質，雞㙡菌從白蟻巢菌圃及周圍環境獲得營養源。夏天雨後的氣溫，是雞㙡菌合適的生存溫度。每年只有當夏天雨季來臨時，雨水滲入蟻巢周圍的土壤，這才有利於雞㙡菌菌絲體向外生長。

雞㙡的保鮮對溫度的要求特別高：用紙張包裹，放入塑膠袋或保鮮盒，置於攝氏十二度的儲存環境中，可使其保持良好的鮮度達一周以上；如果保存在攝氏十度以下的環境中，雞㙡菌會被凍傷；如果溫度在攝氏十四度以上，則溫度越高越會加速雞㙡菌的腐爛；溫度達攝氏三十度以上時，

雞㙡菌比土雞肉還鮮甜，是其他菌無法相比的。

一般一天內即可使雞㙡菌產生腐爛現象。

雞㙡含大量蛋白質、氨基酸和糖分，還富含礦物質和維他命。它的鮮甜來自氨基酸和多醣，好的雞㙡菌，只需簡單烹飪，用雞油和鹽清蒸。雞油提供了穀氨酸，和雞㙡菌的核苷酸協同作戰，鮮味提高了二十倍，味道鮮得不得了。其與各種肉同炒，用雞湯與之煮湯，也是這個原理。

需要注意的是，烹飪時間不宜過長，五分鐘左右就好了。時間一長，雞㙡菌的纖維細胞被破壞，氨基酸和多醣析出，雞㙡變柴且寡淡無味，那只能去喝湯汁了。

當雞㙡菌與各種肉共冶一爐，五分鐘後肉還不熟怎麼辦？辦法是分階段烹飪，先加工肉，之後才讓雞㙡菌參與！

中醫認為，雞㙡菌性平味甘，具有健脾益氣、開胃提神、止痛消腫之功效，是治療痔瘡的理想食物。對於這些說法，我覺得靠譜！原因是：雞㙡菌味道鮮美，味道鮮美的食物能開胃提神；它還富含蛋白質，營養豐富，這跟健脾益氣也聯繫得上；至於可以治痔瘡，估計與雞㙡菌富含膳食纖維有關。

雞㙡菌早在明朝中期就已經很有名，當時雲南官府還向平民徵收雞㙡，名義是皇上要吃。喜歡吃雞㙡的皇帝叫朱由校，明熹宗，就是那個喜歡做木匠活，把朝政交給魏忠賢的傢伙。他喜歡雞㙡到甚麼程度呢？只管自己吃，連皇后都沒份！

於是，如楊貴妃喜歡荔枝一般，「一騎紅塵運雞㙡」也出現在熹宗朝，後來清朝一位詩人把這個段子寫成詩：「翠籠飛擎驛騎遙，中貂分賜笑前朝。金盤玉筋成何事？只與山廚伴寂寥。」

吃雞㙡要新鮮的，從雲南快馬運到京城，其實已經老了，味道大打折扣。

我們現在吃到好吃的東西，總忍不住要發個朋友圈。古人也一樣，喜歡寫個詩填個詞。寫雞㙡寫得最好的，公認是明朝嘉靖年間的楊慎，就是狀元出身，因為與嘉靖皇帝較真被流放到雲南，就寫下了「滾滾長江東逝水，浪花淘盡英雄」的傢伙。這人的父親曾任首輔，叫楊廷和。

楊慎在雲南一帶吃到了連皇帝都吃不到的新鮮雞㙡，忍不住連發感慨。其中我最欣賞這首《漁家傲》月節詞：

六月滇南波漾渚，水雲鄉裏無煩暑。
東寺雲生西寺雨，奇峰吐，水椿斷處餘霞補。
松炬熒熒宵作午，星回令節傳今古。
玉傘雞㙡初薦俎，荷芰浦，蘭舟桂楫喧簫鼓。

這詞寫得美妙絕倫，無可挑剔。楊大才子仕途失敗，但在美食方面貢獻良多。他那「古今多少事，都付笑談中」的豁達，也許是吃多了雞㙡等美食後才得到的啟發。

對了，廣東也產雞㙡，不過由於氣候關係，比雲南、貴州的成熟得要早一些，就是每年荔枝上市前後那段時間，農曆五月。又由於其多生長於荔枝林，因此又被叫作「荔枝菌」！

細說雞㙡菌

和其他大多數菌類一樣，雞㙡菌一般在夏天雨後才出現，這是雞㙡菌對濕度和溫度的特殊要求。和其他菌類所不同的是，雞㙡菌與白蟻窩共生。與之共生的白蟻是大白蟻亞科的某些種，比較常見的土棲白蟻有黑翅土白蟻、雲南土白蟻、黃翅大白蟻等。

叁・叁

韭菜：鮮嫩春韭杜甫大讚特讚

美國的華人超市也有非常鮮嫩的韭菜，而且是細葉韭，味道非常濃郁。加州的二月，與中國南方氣候相近，也是初春吧，此時的韭菜，香味濃郁、無渣。這時包韭菜餃子，將韭菜與豆乾、豬肝、豬肉、蝦仁同炒，正是時候！

韭菜歷來被稱為春天第一菜，這典出周顒。據《山家清供》載，周顒清心寡慾，終年蔬食。文惠太子問他蔬食何味最勝，他答曰：「春初早韭秋末晚菘。」韭即是韭菜，菘是大白菜。周顒是南北朝時南朝宋的大家，工隸書，兼善《老》、《易》，長於佛理，對美食也算有研究。他對韭菜和大白菜的評價，成為經典。

對春韭大讚特讚的還有杜甫，他在《贈衛八處士》詩中的名句「夜雨剪春韭，新炊間黃粱」膾炙人口。有人據此考證，杜甫在衛八家吃的春韭，應該是韭黃，原因是北方的春天陽光少，當時又沒大棚種植技術，光合作用不夠，只能長出韭黃。其實，韭菜是耐陰植物，北方的春天，也是可以長出綠油油的韭菜的。

對春韭更早的記載來自《禮記》，《禮記》說「庶人春薦韭，……韭以卵」，這分明是雞蛋炒韭菜啊！而且還用於祭祖。大吃貨蘇軾寫過「漸覺東風料峭寒，青蒿黃韭試春盤」。東坡先生說的這個春韭，倒是百分百的韭黃，不過那時叫黃韭。

清代美食家李漁在《閒情偶寄》中說：「葱、蒜、韭三物，菜味之至重者也。……予待三物有差。蒜則永禁弗食；葱雖弗食，然亦聽作調和；韭則禁其終而不禁其始，芽之初發，非特不臭，且具清香，是其孩提之心之未變也。」他說葱、蒜、韭是重口味的蔬菜，他不吃蒜，葱做調料還可以偶爾來一下，韭菜就只吃春韭了，春韭為甚麼好吃？因為春韭非常鮮嫩，這是對春韭的官方認證。須知李漁的《閒情偶寄》，猶如今日陳曉卿老師之《舌尖上的中國》和《風味人間》。

據汪朗老師考證，文人大讚特讚春韭，殊不知韭之極品為冬韭，即數九寒冬在暖房中精心培育的韭菜，因其成本過高，過去只能作為皇室的特供。《漢書・循吏傳》記載：「太官園種冬生葱韭菜茹，覆以屋廡，晝夜爇蘊火，待溫氣乃生。」當時的溫室，為了讓韭菜等長出來，居然用薪火保溫。

《世說新語》載，西晉首富石崇與王愷比闊鬥富，在大冬天端出了韭菜醬，讓王愷大丢面子。王愷是晉武帝司馬炎的舅父，為了支持老舅和石崇鬥富，司馬炎還贊助他許多宮中寶物，但是冬天遇到韭菜醬，王愷仍然傻了眼。後來王愷收買了石崇的門人，才知道石崇的韭菜醬，不過是韭菜根與麥苗的混合物，可見冬韭在當時之珍貴。

南北朝時期的北朝，北齊武成帝高湛的後宮嬪妃，「衣皆珠玉，一女歲費萬金，寒月盡食韭芽」。用現在的話說就是：皇帝的老婆們衣着考究，穿珠戴玉，每人每年就用掉萬金，冬天還有韭菜吃！

即使是清代，冬韭也還是不便宜。《燕京雜記》中載：「冬月時有韭黃，地窖火炕所成也。其色黃，故名。其價亦不賤。」這是地地道道的韭黃，但明顯沒那麼貴了，故曰「不賤」。

文人詠春韭，官家好冬韭，原因很簡單，冬春的韭菜都好吃，只是文人窮酸，吃不到冬韭；官家豪奢，非貴不吃罷了。韭菜是耐寒又耐熱的植物，春夏秋冬都能生長，以攝氏十五至二十五度為最佳生長環境，冬天用大棚暖房，也是可以生長的。春季和冬季韭菜生長慢，它的芬芳物質貯存時間夠，所以有韭菜味；夏天韭菜生長速度快，來不及貯存足夠的芬芳物質，加上纖維太粗，吃到嘴裏就如一捆稻草，口感確實不好。依我之見，若按季節排，春韭、冬韭並列第一，秋韭次之，夏韭最差。

韭菜好不好吃除了與季節有關，還與品種有關。葉韭最好，花葉兩用韭（就是既產韭葉又產韭菜花的品種）次之，根韭最差；在葉韭之中，小葉韭最佳，大葉韭稍次，這是因為韭菜特殊的香味來自硫化物，這幾個品種的硫化物含量不同。炒韭菜不宜過火，因為硫化物遇熱揮發，一旦炒過火，就等於吃草了。

韭菜是多年生草本植物，一年可割七八茬，一割可割十年，所以也叫懶人草。

細說韭菜

民間傳說韭菜壯陽，因此起名起陽草。很遺憾，這是沒有科學依據的！韭菜的營養成分主要是硫化物、維他命A、鋅和鉀，這些成分都與壯陽沾不上邊。

倒是韭菜富含的纖維對現代人身體健康極為有益，現代人大多營養過剩，韭菜的部分植物纖維不被腸道吸收，直接攜帶着身體的毒素排了出來，這一功效，比壯陽好。

叄・肆

萵苣與油麥菜

新冠肺炎襲擊下的春節，大多數人都在家吃飯。今天的肉菜市場，也已基本恢復正常生意。我到市場逛了一下，買來一條游水黃花魚，計劃清蒸；買了一些洪湖蓮藕，打算與排骨一起煲湯，以示與武漢同呼吸共命運；而油麥菜，讓我想到萵苣，也買了一把。

為甚麼我會將油麥菜與萵苣聯想到一起呢？因為**油麥菜是萵苣類葉菜**！我們平時說的萵苣，是指萵筍，吃根莖，剝皮切片切絲炒，葉也是可以吃的。

生菜，學名叫葉用萵苣，因為西方人多生吃，所以叫生菜。油麥菜，其實也是一種生菜，也屬萵苣家族的成員。

萵筍葉、生菜、油麥菜的味道很相似，這源於它們擁有共同的化學成分：葉醇、葉醛和萜烯化合物。葉醇和葉醛由六個碳原子組成，葉片受剁切擠壓時，受損細胞釋放出的酵素水解了葉綠體胞膜所含脂肪酸長碳鏈，釋放出香氣，所以適宜生吃。烹煮會抑制酵素，也會使其水解產物和其他分子發生化學反應，於是清新的青綠香褪失，而萜烯類物質的香氣則更濃烈；所以，熟吃也很好！

袁枚在《隨園食單》裏記載了吃萵苣的方法：

食萵苣有二法：
新醬者，鬆脆可愛。
或醃之為脯，切片食甚鮮。
然以淡為貴，鹹則味惡矣。

這裏所說的醬或醃，分別是指醬萵苣、醃萵苣乾，看來萵苣也適合當醃菜，只是不能太鹹。

油麥菜富含抗壞血酸和葉酸，抗壞血酸能刺激人體的造血機能，促進血中膽固醇轉化，使血脂下降，葉酸能保護心血管。**油麥菜含鈣比萵筍高近一**倍，補鈣效果不錯。油麥菜中含有甘露醇等有效成分，有利於促進排尿，減少心房的壓力，對高血壓和心臟病患者極為有益。油麥菜中含有萵苣素，具有鎮靜作用，經常食用有助於緩解緊張、幫助睡眠、改善神經衰弱。

油麥菜做法簡單，可生吃，可打邊爐，可蒜蓉炒、蠔油炒、豆豉鯪魚炒。油麥菜有一些苦味，那是萵苣素天然的味道，如果不喜歡，就用開水灼一下，再用冷水沖一下，既去苦味，又保持其翠綠。台灣人把油麥菜又叫成A菜，我問過好多台灣人，都不知道這個叫法的來源。我想，估計是因為油麥菜富含維他命A吧！

叁・伍

紫蘇：幽香的刺身伴侶

紫蘇原產於中國南部地區，人工栽培的歷史十分悠久。相傳東漢末年，洛陽城裏一些年輕人因為吃多了螃蟹腹痛難忍，有些人甚至昏厥。名醫華佗用一種「紫葉草」煎水送服，不久那些年輕人便蘇醒過來。從此，人們就把這種能煮出紫湯的葉子稱為「紫蘇」。時至今日，每逢丹桂飄香之際，人們在蒸煮大閘蟹時，廣東人在炒田螺時，仍不忘放上幾片紫蘇……

紫蘇奇異的氣味，主要源自紫蘇醛，它是紫蘇所含揮發油裏的主要成分，約佔總量的百分之五十。此外還包含檸檬烯、石竹烯和金合歡烯等物質，這些物質相互組合，造就了一種難以描述的幽香，使得紫蘇成了香料中的多面手。紫蘇葉中所含成分，對大腸桿菌和葡萄球菌有一定的抑制作用，因此與生鮮食材搭配就如呼吸一般自然；同時，紫蘇加熱後散發的濃郁芬芳，能掩蓋住食材的腥味，因此經常與魚類、蝦蟹和貝類一起清蒸或燉煮，紫蘇醛的香芬效果還能刺激嗅覺，促進食慾。吃刺身時，拿起一片紫蘇，用力一拍，把紫蘇的細胞壁破壞，紫蘇醛的芳香便撲面而來，再夾一塊魚生包着吃，這才是享受紫蘇的正確方法。

枝葉旺盛的紫蘇，古語中稱之為「荏苒」。紫蘇是一年生草本植物，它從繁茂到凋零只有短短一年，於是古人便用「荏苒」來形容時光易逝。有着古代第一美男之稱的西晉文學家潘安，在悼念妻子的詩中這樣寫道：「荏苒冬春謝，寒暑忽流易。」意思是四季隨着時光的流逝不斷更替，寒暖伴着時間的改變迅速輪換，時光飛逝，讓人無奈……

時光易逝，歲月蹉跎，活在當下，不負美食，這也是一種積極的生活態度。

細說紫蘇

紫蘇在日本料理中的出場率極高，眼熟得容易讓人忽略它的存在。這種有着自然清香的葉片，不僅適合擺盤裝飾，而且能夠抑菌保鮮，幾乎成了生鮮食材的固定伴侶。

這類在料理中起陪襯作用的食材被泛稱為「妻（つま）」，通常認為，紫蘇在約公元八世紀，由中國「遠嫁」日本，從此備受人們的寵愛。

時至今日，每逢丹桂飄香之際，人們在蒸煮大閘蟹時，
廣東人在炒田螺時，仍不忘放上幾片紫蘇……

第四章

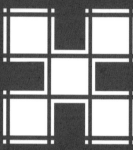

品味江湖

肆・壹

老火靚湯：「煲三燉四」

廣府人的餐桌，最離不開的就是老火靚湯：食材包括一堆魚啊肉啊甚麼的，還有各種藥材、水果、蔬菜，或煲或燉。沒有三四個小時，怎能叫老火？若不好喝、沒功效，怎麼叫靚湯？老人要補鈣、小孩要補腦，男人要壯陽、女人要養顏，春天要祛濕、夏天要解暑、秋天要去燥、冬天要進補，總之沒有哪種健康問題是一碗老火靚湯解決不了的，如果不行，那就來兩碗！

老火靚湯的核心是肉，豬肉、雞肉、豬骨、豬內臟提供了穀氨酸，各種魚肉提供了核苷酸，這兩種氨基酸協同作戰，將鮮味提高了二十倍左右，不好喝都難！

老火靚湯的靈魂是各種藥材、蔬菜和水果，好喝之餘，更有滋補功效。博大精深的中醫藥給了家庭主婦們和廚師們廣闊的發揮空間，讓享用老火靚湯的人們對其滋補功效擁有無限想像空間。一邊喝着美味的老火靚湯，一邊聽着或想像着它給身體帶來的各種好處，人生簡直不要太美好！

老火靚湯好喝的秘笈是「煲三燉四」，煲的時候用三個小時，燉的時候用四個小時。先猛火燒，讓肉裏的蛋白質和風味物質釋放出來，再轉慢火，所謂慢工出細貨，猛火攻不下你，慢火熬也把你熬出來！

奶白色的湯容易給人營養豐富的印象，廣府人為了讓湯呈奶白色，可謂煞費苦心！湯的主要成

老火靚湯的靈魂是各種藥材、蔬菜和水果，好喝之餘，更有滋補功效。

分是水和油，這兩種東西老死不相往來。油呈黃色或透明無色，而如果油分散成一個個足夠小的油滴時，光線照到小油滴發生散射就呈白色。

如何讓油不聚在一起，變成足夠小的油滴呢？這就需要蛋白質參與了。蛋白質能夠跑到油滴表面阻止油滴合併變大，這是因為蛋白質有疏水氨基酸和親水氨基酸。疏水氨基酸待在油這頭，親水氨基酸待在水那頭，這樣就把水和油抓住，變成小油滴。

用油煎肉，既讓更多蛋白質釋放出來，也讓大分子的蛋白質分解為小分子的氨基酸，味道更鮮；大火燉煮，能起一定的「攪拌」作用，有利於油滴分散開；用開水而不是冷水下鍋，是因為冷水會讓肌肉組織緊縮，不利於蛋白質的釋放；足夠多的肉，才有足夠多的蛋白質，也才能夠產生奶白效果……

廣府人堅信，老火靚湯營養豐富，而湯渣則寡淡無味，棄之可也。這是一個重大的誤解：長時間的燉煮，只能讓肉釋放約百分之五的蛋白質，其餘的蛋白質還在湯渣裏，而肉裏的風味物質倒是跑到湯裏去了。所以，湯好喝但沒多少營養，**湯渣不好吃卻營養豐富**。

煲老火湯一般都選擇豬肉、雞肉、魚肉這些肉類，煲的時間越長，它裏面的核蛋白就會分解越多核苷酸，就產生了更高的嘌呤。這意味着越是美味，嘌呤越高！

嘌呤攝入過多，會導致血裏面的尿酸處於飽和狀態，這部分尿酸會沉積在關節，誘發關節的急性炎症，也就是我們所說的痛風。廣府人患痛風的比例高於其他地方。所以，老火靚湯好喝，但也要適可而止！

老火靚湯的歷史，有人說可追溯到二千多年以前，依據之一是長沙馬王堆出土的帛書《五十二病方》。該書的成書時間在春秋至西漢之間，裏面介紹了若干種以食物治療疾病的劑型。如該書認為被蜥蝪或蠑螈（四腳魚）咬傷後，可用三年的老公雞熬湯，接着用雞湯淋過切細的兔頭肉，再澆到五穀等主食上食用，傷情便可以得到緩解。這個方子靠不靠譜不說，但想來味道應相當不錯。不過，即使這個方子靠譜，也難與老火靚湯扯上關係。湘菜都沒往上靠，粵菜更靠不上！

唐人記錄的一種「不乃羹」，是用葱和薑烹煮羊、鹿、雞、豬四種肉骨，熬成湯水，倒是與老火靚湯沾邊。不過這種豪奢飲品只適用於十分隆重的場合，而且這一風俗也並不流傳在廣州一帶，而是在交趾郡，即現在的越南河內。

長時間的燉煮，浪費柴火；加大量的肉，不吃肉只喝湯，這麼奢侈的烹飪方式，不可能出現在古代人民群眾的生活裏。《清代稿鈔本》中一份道光十二至二十九年（一八三二至一八四九年）的日常收支賬冊說明，即使是較為殷實的人家，也少有每天吃肉的。從同治到光緒年間，廣州地區的民眾每年吃葷的天數可按二十天計算，一個家庭一年消費的肉食參考量為十公斤，禽、蛋、畜類動物蛋白質都是**不容糟蹋的奢侈品**。

乾隆五年（一七四〇年），兩廣總督馬爾泰曾上奏，反映群眾在生火做飯方面的困難：「粵東……薪值每至高昂，閭閻不無難爨之慮。」意思是：這個地方柴火價格很貴，老百姓沒有不被燒火做飯為難的！此時粵菜的代表譚家菜，也不見老火靚湯的身影。可以肯定的是，**老火靚湯，清朝時都還沒有**！

那民國時期有沒有呢？也沒有！清末民初刊行於廣州、佛山、香港等地的粵菜譜《美味求真》共羅列菜品一百八十二款，不見有老火靚湯，倒有做菜用的上湯。據研究民國嶺南飲食史的專家周松芳博士考證，民國時廣州、香港、上海的粵菜館，也不見老火靚湯的身影，此時的私廚家宴——江太史家宴，也沒有老火靚湯的蹤影。

當時廣州的酒樓，供應各種滾湯。廣府人倒是有先喝湯再吃飯菜的傳統，據民俗專家饒原生先生考證，當時一些酒樓為了吸引顧客，會在炒過菜的鍋裏加點水，再加點鹽，並將其免費提供給顧客。

滾湯裏面除了有點油花和鹹味，甚麼都沒有，「空」的。廣州話「空」和「凶」同音，為避諱，人們將湯名反意稱呼為「吉湯」。一些吃不起酒樓但又想喝這碗「吉湯」的人，會假裝進去吃飯，待喝了這碗「吉湯」後就溜之大吉，酒樓夥計稱這些人為「混吉」，這就是廣州話「混吉」典之所出。你看，沒老火靚湯甚麼事吧？

廣府人對老火靚湯的狂熱頂峰，在二十世紀九十年代，那時人們回家吃飯的口頭禪就是「回家飲湯」。電視台、報紙各種介紹，甚是熱鬧。最著名的「推手」，當數廣東省中醫院的藥師佘自強先生。他的《今日靚湯》，幾乎每家必備。在那個年代，他就有幾十萬師奶粉絲，被譽為「嶺南湯神」。

我喜歡的老火靚湯，一是德廚餐廳的，二是利苑酒家的。利苑酒家的老火靚湯隔水燉，以清見長。但嘌呤的析出與時間長久有關，與是煲還是燉沒關係。我有時在家裏也煲湯，煲湯時間控制在一個半小時內，為了美味，放多點肉就是！老火靚湯，只要時間、火候控制得當，味道沒有問題！

細說老火靚湯

老火靚湯，應該算粵菜的上湯和中醫的湯方的結合，東漢張仲景《金匱要略》收錄的二百六十二種方劑中，就有不少湯方。但這兩者的結合，首先出現的地方是香港：二十世紀五十至六十年代，香港經濟開始騰飛，市民進入小康生活，才出現了老火靚湯這種既浪費食物又浪費柴火的菜餚。

史料也印證了這一點，一九七四至一九七五年，美國人類學家尤金・安德森和夫人居於香港青山灣，調查一戶吳姓人家五個月的飲食，記錄了吳家一百五十二頓主餐的內容。在這一百五十二頓主餐中，有二頓正碰巧遇上吳家的成年人身體不適，吳家人就將一隻小雞和一些滋補藥草一起「長時間地燉湯」，這是現代老火靚湯的最早文字記載！

改革開放後，廣府人生活大為改善，香港人的日常菜餚——老火靚湯也就進入了珠三角。這方面，香港的電視劇和各類推介老火靚湯的節目貢獻巨大。如此說來，老火靚湯的歷史也不過六十年，好在香港也是粵菜的發源地之一。老火靚湯，妥妥的粵菜，沒有疑問。

肆・貳

麵條：人類的重大發明

談到美食，繞不開麵條，蓋因酒足之餘，總得來點主食方顯飯飽。而主食，或是飯或是麵或是點心。如果酒足之餘來點麵，而麵做得不好，則之前的各式美食往往會被質疑。城中麵條做得不錯的，有那麼幾家，大家評頭論足難有定論，我在此也說說幾句。

麵粉是小麥磨出來的，把不易消化的小麥變成容易消化的麵粉，這是人類食品方面的極大進步。將小麥磨成麵粉，實質上是改變了小麥的分子結構，使之變成更容易消化的東西。而進一步把麵粉加工成麵條，則讓人吃麵時更方便快捷了，這簡直是人類的重大發明！為此，中國、意大利、阿拉伯人都聲稱是麵條的發明者。蘇東坡有《賀陳述古弟章生子》：

鬱葱佳氣夜充閭，始見徐卿第二雛。
甚欲去為湯餅客，惟愁錯寫弄麞書。
參軍新婦賢相敵，阿大中郎喜有餘。
我亦從來識英物，試教啼看定何如。

大意是：吉祥與隆的風氣充斥着晚上的門庭，這才知道徐卿第二個小孩子出生。本想去為客人端上湯餅，但卻發愁寫錯了「弄麞」的這個「麞」字。你的妻子賢良有才可與你媲美，大郎二郎也很有才能。我從前就很會辨認奇才，先讓新生兒哭出來讓我辨認試試。

這裏的湯餅就是麵條，那時生孩子，就請客人吃麵條，寓意長壽。不同朝代均有對麵條的記載，但起初麵條的名稱卻不統一，除水溲麵、煮餅、湯餅外，亦有稱水引餅、不托、餺飥等。「麵條」一詞直到宋朝後期才正式通用。最早的實物麵條是由中國科學院地質與地球物理研究所的科學家發現的，二〇〇二年十月十四日他們在黃河上游的青海省民和縣喇家村進行地質考察時，在一處河漫灘沉積物地下三米處，發現了一個倒扣的碗。碗中裝有黃色的麵條，最長的麵條有五十厘米。

研究人員通過分析該物質的成分，發現這碗麵條已經有約四千年歷史，這讓意大利人和阿拉伯人無話可說了。

要做麵條，得先有麵粉。據考證，直到東漢時，才出現了磨麵粉的磨具，在此之前，把小麥弄成麵粉，估計只能靠砸。那時的麵條，還只能是上層社會的奢侈品。西晉的束晳在《餅賦》中把麵條好好褒揚了一番，那時的麵條還叫「餅」。原文如下：

> 玄冬猛寒，清晨之會，涕凍鼻中，霜成口外。充虛解戰，湯餅為最。……
>
> 爾乃重羅之麩，塵飛雪白。……
>
> 肉則羊膀豕肋，脂膚相半，臠如蜿首，珠連礫散。
>
> 薑株葱本，蓬切瓜判，辛桂剉末，椒蘭是畔，和鹽漉豉，攪和樛亂。
>
> 於是火盛湯湧，猛氣蒸作。攘衣振掌，握搦拊搏。
>
> 麵彌離於指端，手縈迴而交錯。紛紛馺馺，星分雹落。
>
> 籠無迸肉，餅無流麵。姝媮咧敕，薄而不綻。

巂巂和和，臁色外見。弱如春綿，白如秋練。……
行人失涎於下風，童僕空嚼而斜眄。擎器者舐唇，立侍者乾咽。

翻譯成白話就是：寒冬臘月的天氣是多麼冷啊！清晨去朋友家赴會，鼻涕被凍在鼻孔中，所呵出去的氣，也在嘴唇上結成了霜。凍餓相加，渾身顫抖不已，此時要想飽肚暖身的話，最好不過的，便是來一碗湯麵了。一定要用篩過幾次籮後的又細又白的精白麵，這樣的麵，用水和好後，才能揉得光潔而有韌性。配麵的肉，則一定要用羊腿或豬肋條肉，肥瘦相宜。把肉切成蚯蚓頭一樣大小的肉丁，穿起來像串串珍珠，散開後如粒粒礫石。再準備好薑、大葱、茼蒿和瓜菜，並把它們切好備用；桂皮、花椒等調味品要碾成粉末，當然還要加鹽和豆豉。然後，用猛火將湯水燒開，蒸氣騰騰，此時挽起衣袖，調整好姿勢和角度，俯身拉扯麵糰，逐漸地揉捏開扯，而扯麵的手，隨之來回上下交替，麵如流星劃空、似冰雹落地紛紛駁駁，飛入鍋中。籠上不見濺出的肉丁，而下到鍋裏的麵不黏不糊，薄而不爛，味滲內而色在外，既像是春綿般的柔軟，又如秋霜似的雪白。濃郁的香味隨風擴散，處於下風口的行人，聞香而流出涎水，童僕們不由自主空嚼牙齒，並偷眼眄視；端飯的僕人，不斷用舌頭舔着嘴唇。立在主人身後的僕人，更是乾咽着口水。

至於中國的麵食，那更是豐富多彩，令人眼花繚亂。山西的刀削麵、燜麵、貓耳朵、餄餎、剔尖、栲栳栳、不爛子等；北京的炸醬麵、龍鬚麵；河北的勁麵王、掛麵、麻醬麵、保定大慈閣素麵；山東的福山拉麵、打滷麵、烤冷麵；陝西的油潑麵、岐山臊子麵、楊凌蘸水麵、武功鎮的旗花麵、扯麵、漿水麵；河南的燴麵、道口麻鴨麵、糊塗麵條、手工麵葉、漿麵條、熗鍋麵、滷麵（俗稱蒸麵條）等；蘭州的清湯牛肉麵；內蒙古的燜麵；上海的陽春麵；江蘇的南京小煮麵、東台魚湯麵、蝦油麵、魚湯鱔絲麵、南通跳麵、鎮江鍋蓋麵、蘇州蘇式湯麵等；浙江的杭州片兒川、葱油拌麵、蝦爆鱔麵、麵疙瘩、溫州長壽麵；湖北的武漢熱乾麵、襄陽牛肉麵；安徽的板麵、魏王麵；福建的福州線麵、沙縣拌麵、莆田滷麵、莆田媽祖麵、廈門沙茶麵、漳州滷麵、泉州麵線糊、尤溪大條麵等；台灣的擔仔麵、牛肉麵、花蛤仔麵等；廣東的廣州餛飩麵、竹昇麵；香港的撈麵、車仔麵、蝦子麵等；重慶的重慶小麵；四川的擔擔麵、豆花麵、羊馬渣渣麵、邛崍清湯麵、宜賓燃麵、黃龍溪一根麵、鋪蓋麵、武勝麻哥麵；吉林的冷麵、狗肉湯麵；貴州的豆花麵、腸旺麵……各地的麵各有風味，只有合不合你口味的問題，沒有好不好吃的標準，適合你的就是好的！

為甚麼過生日要吃麵？宋人馬永卿在《懶真子》中說：「必食湯餅者，則世欲所謂『長命麵』者也。」為甚麼麵條能作為人長命百歲的象徵？因為麵的形狀「長瘦」，諧音「長壽」。麵條也就成為討口彩的最佳食品。

至於即食麵，那是「二戰」結束以後日本人發明的。「二戰」後日本缺糧，美國運來大量的麵粉。日本人以米飯為主，只能在唐人街學來拉麵做法，但這畢竟費時，對戰敗後百廢待興的日本來說，能吃飽就可以了，因此有了即食麵。幾塊錢一碗的即食麵，就不要在意彈不彈牙了。有人考

各地的麵各有風味，只有合不合你口味的問題，
沒有好不好吃的標準，適合你的就是好的！

證出即食麵的祖宗是清朝時的伊麵，「伊麵」，既可以湯煮，亦可乾炒，為清乾隆進士伊秉綬家廚所創。伊府麵的特色在於它不用水和麵，改用雞蛋液和麵；經沸水煮後用冷水沖涼、烘乾，再用油炸，令其變半成品。因製法獨特，可適合不同煮法。這麼奢侈的麵，與即食麵根本不相關！

幾年前我去山西旅遊，問導遊當地有甚麼好吃的，他說麵好吃。我直搖頭。這相當於你到廣州，問我有甚麼好吃的，我告訴你飯好吃。畢竟再好吃的麵，也只是主食。

細說麵條

一碗麵條居然把人饞成這樣，真是不可思議。不止國內，其他國家也有很好吃的麵條。比如意大利麵就真心不錯，芝士、松露、海鮮，甚至墨魚的墨汁，都是麵條最好的搭配。

日本拉麵僅有一百年左右的歷史，卻好吃到可以和中華拉麵比肩。其彈牙的口感，或濃或鮮的湯底，加上改良的叉燒、溏心的雞蛋、漂亮且鮮美的魚卷、自帶氨基酸的海苔和香氣濃郁的青葱、去膩的酸薑，簡直就如一曲交響樂，從口裏直奔人心窩，從胃裏直達人靈魂。

肆·叁

包子：一解鄉愁，「包」治百病

每個地方都有當地特色的包子，每個人也都堅信，他們當地的包子是最好吃的，其他地方的包子，最多也就落個「還不錯」的評價。這是因為人的味覺偏好在七八歲前就已經形成，兒時的味道，成為每個人味覺偏好的密碼。

我的家鄉饒平有南乳豬肉包子，這當然也是我覺得最好吃的包子。大多地方，「皮薄餡多」是好包子的標準，饒平包子則完全相反，皮厚餡少。那是因為物資匱乏年代，豬肉一向是奢侈品。為了讓包子好吃，人們只能在厚皮上做文章。如果說好麵條的標準是彈牙，那麼好包子的標準就是鬆軟不沾牙：選用低筋麵粉，使勁揉搓，充分醒發，就可以達到這個效果。麵粉和水融合，澱粉分子相互之間形成鏈條，使勁揉搓讓鏈條更緊密，充分醒發讓氣體充分產生並均勻地分佈於澱粉鏈條中，表現出來的就是鬆軟不沾牙。

口感問題解決了，味道問題也不能忽略。饒平包子的包子皮裏加了糖，有淡淡的甜味，引發了人體多巴胺的分泌，因此也就讓人有了愉悅感。這一點相信北方的朋友會不屑一顧，他們堅信麵的原味才是正宗的包子皮味道。但對於南方低筋麵來說，麵的香味本身就乏善可陳，加點糖，這符合袁枚先生「無味使之入」的烹調原則，沒毛病。

如果說好麵條的標準是彈牙，那麼好包子的標準就是鬆軟不沾牙。

包子的重點當然是餡料，饒平肉包子選用的是五花肉中的肥肉，沒有其他原因，只是因為肥肉便宜。肉的風味集中在肥的部分，因此肉味更足。除了肉以外，南乳的參與，去膩增香；蔥段的參與，填充了豬肉之間的空間，也多了一份香味。這個味道，是我兒時經過包子舖時誘惑我駐足不前的味道。

一直到五代時期，包子才算正式登場。《清異錄》裏提到，五代汴梁（今河南開封）閶闔門外有個「張手美家」食館，以賣節令食物為主，每至伏日，有一款「綠荷包子」。宋代的時候，包子已經以迅雷不及掩耳之勢遍地開花。記錄汴梁風俗的《東京夢華錄》寫着「諸色包子」，有江魚包兒、蟹肉包兒、水晶包兒、筍肉包兒之類。這裏用的「包兒」的叫法，「兒」與「子」是同義，後來自然而然就有了「包子」的名稱轉換。當時，還有被稱作「灌漿饅頭」的，這大概就是後來的灌湯包了。不過，這個時候，「饅頭」和「包子」仍舊是分不清的。或者說，它們在很長時間內都是指的同一個東西，這也不難理解為甚麼現在很多南方人仍舊把包子叫作饅頭了。人們將包子和饅頭分清楚，大概要到清朝了，《清稗類鈔》有記：「南方之所謂饅頭者，亦屑麵發酵蒸熟，隆起成圓形，然實為包子。包子者，宋已有之。」

蘇軾當年被貶謫到海南儋州，曾為吃饅頭而賦詩一首：

天下風流筍餅餤，人間濟楚蕈饅頭。
事須莫與謬漢吃，送與麻田吳遠遊。

蘇東坡說的蕈饅頭，就是包子。他說這包子不能隨便給人吃，就送給麻田的吳遠遊先生吧。麻田，在今汕頭潮陽。

這個吳遠遊先生，也叫吳復古，廣東汕頭龍湖人，比蘇東坡大三十多歲，在修道、處世、養生方面與蘇東坡臭味相投，兩人成忘年之交。那年蘇東坡被貶海南，吳遠遊來海南看他，蘇東坡便請他吃菌菇包子，還賦詩一首。只是，這個包子，估計不是潮汕口味。

細說包子（一）

把小麥變成麵粉，是人類飲食文明的重要里程碑，分子結構的改變，使澱粉更容易被人體消化吸收。而把麵粉弄成麵條、麵包之類，這個看似簡單的手法，卻需要漫長的過程。

傳說包子、饅頭的祖先是諸葛亮，這沒有可靠的文獻材料或文物佐證，不靠譜！從出土的漢代文物看，雖然當時已經出現了蒸籠，但這並不能推斷漢代已有包子。到了晉代，則出現了饅頭之名，寫為「曼頭」。

盧諶的《祭法》中寫着要用饅頭做四季祭品：「春祠用曼頭、餳餅、髓餅、牢丸，夏秋冬亦如之。」這個盧諶，專攻祭祀和《莊子》，給饅頭留下了第一手記載。

細說包子（二）

包子的前身如此複雜，「包子江湖」更是難以分清是非。廣東叉燒包、天津狗不理、上海小籠包、成都韓包子、開封灌湯包、山東排骨包、揚州三丁包、新疆烤包子、武漢生煎包、靖江蟹黃包、雲南破酥包、重慶九園包、福建東河包……總有一款包子能治癒你的鄉愁，「包」治百病，還真不是吹的。

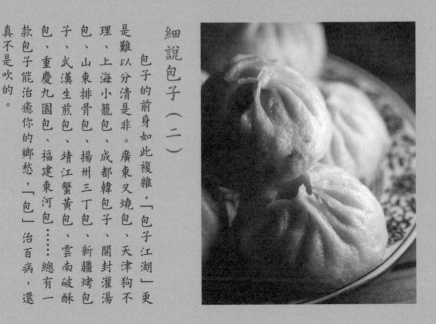

油條：風靡一時的國民早餐

某日，我在番禺滋粥樓餐廳宴客。滋粥樓類似毋米粥酒樓，以熬到不見米的粥水為湯底，以海鮮、河鮮、塘鮮、各種肉類打邊爐。席上的龍蝦、象拔蚌刺身是為了充門面，倒是招牌食品油條很吸引人：剛出鍋的油條，有碗口粗，外脆內嫩，脆中帶韌，油香麵香爆滿口腔，與街邊的地溝油、洗衣粉油條確實不同。

油條的成分無非是麵粉、酵母、鹼、明礬。好吃的油條要夠蓬鬆，蓬鬆的效果，來源於在發酵過程中，酵母菌在麵糰裏繁殖分泌糖化酶和酒化酶，使一小部分澱粉變成葡萄糖，又由葡萄糖變成乙醇，並產生二氧化碳氣體。同時，還會產生一些有機酸類，這些有機酸與乙醇作用生成有香味的酯類。反應產生的二氧化碳氣體使麵糰產生許多小孔並且膨脹起來。有機酸的存在，會使麵糰有酸味；加入純鹼，就是要把多餘的有機酸中和掉，並能產生二氧化碳氣體，使麵糰進一步膨脹起來。

為甚麼要下明礬？那是因為炸油條時會產生氫氧化鈉，明礬跟它發生化學反應，使游離的氫氧化鈉成了氫氧化鋁。氫氧化鋁的凝膠液或乾燥凝膠，在醫療上用作抗酸藥，能中和胃酸、保護潰瘍面，用於治療胃酸過多症、胃潰瘍和十二指腸潰瘍等。常見的胃病藥「胃舒平」的主要成分就是氫氧化鋁，因此，油條對胃酸有抑制作用，並且對某些胃病有一定的輔助療效。

有時，古人的聰明是有害的小聰明。傳統油條製作依賴明礬，而明礬中含有鋁元素。研究發現，長時間攝入鋁會對人體產生慢性毒害作用。鋁經腸胃吸收後，主要積聚於骨骼，易引起骨質疏鬆和軟骨病，並且較難排出體外。二〇一一年聯合國規定鋁的安全劑量為每千克體重每週攝取上限為二毫克。也就是說，如果你是一個體重六十公斤的人，每週最多能吃 120 毫克鋁元素。而油條中鋁的含量是 429.7 毫克／公斤左右，每週吃多於 279 克（二至三條）油條就會過量。毋米粥酒樓和滋粥樓餐廳說他們的油條不含明礬，用無鋁膨脹劑代替。天天吃這樣的油條可以嗎？可以，只要你不怕胖。

中國人吃油炸麵食由來已久，早在南北朝時期，北魏農學家賈思勰在其所著的《齊民要術》中就記錄了油炸食品的製作方法：「細環餅、截餅（環餅一名『寒具』。截餅一名『蠍子』）。皆須以蜜調水溲麵。若無蜜，煮棗取汁。牛羊脂膏亦得；用牛羊乳亦好，令餅美脆。截餅純用乳溲者，入口即碎，脆如淩雪。」蘇東坡寫過《寒具詩》：「纖手搓來玉數尋，碧油輕蘸嫩黃深。夜來春睡濃於酒，壓褊佳人纏臂金。」寒具，也就是徐州的蝴蝶饊子，纖細香脆。古時寒食節禁止生火，百姓都吃提前準備好的冷食，饊子便是其一，故稱寒具。蘇東坡在徐州為官時尤其愛吃這裏的特色饊子，這首詩就將饊子比喻為美女手臂上的纏臂飾金。在吃貨眼中，美食才是最美的！但這種叫寒具的油炸食品並不是油條，油條的出現，要到南宋時。

「老油條」這個詞又是怎麼回事呢？戰國時期，襄陽地帶有個國家叫「鄾（粵音：憂）」，那裏的人是出名的不務正業，而「油」又是「鄾」的諧音，慢慢就有了油子、老油子、老油條的說法。

作為國民早餐的油條，慢慢地淡出了人們的視線，這與大家解決了溫飽問題後趨向健康飲食有關。但偶爾吃到，就會如發現山珍海味一般。物以稀為貴，人常見則膩。世間事，大凡如此。

細說油條

炸油條時為甚麼是兩根疊在一起炸呢？當油條進入油鍋時，發泡劑受熱產生氣體，油條膨脹。但是由於油溫度很高，油條表面立刻硬化，影響了油條繼續膨脹，於是人們採用了將油條每兩條上下疊好，用竹筷在中間壓一下的方法。

兩條麵塊之間水蒸氣和發泡氣體不斷溢出，熱油不能接觸到兩條麵塊的結合點，使結合點的麵塊處於柔軟的糊精狀態，可不斷膨脹，油條就會越來越蓬鬆。

肆・伍

優秀鹹蛋是怎樣煉成的？

前一陣子，我轉發了劉國斌老師發表在《新民晚報》上一篇介紹高郵美食的文章，直把朋友圈饞出一堆口水，尤其是裏面講到高郵的雙黃鹹鴨蛋，起沙、出油、紅亮，完全具備一隻優秀鹹鴨蛋的所有品質。

高郵為甚麼有那麼多雙黃蛋呢？要想搞清楚這個問題，我們就必須弄清楚鴨是怎麼生蛋的。

母鴨子在四個月大時進入性成熟期，開始下蛋。與母雞相比，母鴨簡直就是一個勞動模範，每天消耗一半的能量用於生蛋，而母雞生蛋只消耗四分一的能量。母鴨一年能產一百八十至二百隻蛋，產蛋年限為二至四年，具體時間看其生存環境，越是在天然環境中成長的母鴨子，產蛋年限越高。

「鴨蛋生產流程」是由激素來調控的。激素分泌異常，母鴨就可能產出雙黃蛋。雙黃蛋的出現一般在剛開始產蛋的母鴨群中比例要高些，此時母鴨的性成熟期剛到，整個生產流程還不太協調。如果飼料營養充足，蛋白質含量高，那麼母鴨容易產雙黃蛋。還有就是，當鴨群受到驚嚇時，有些不成熟的卵泡會和成熟的卵泡同時掉入輸卵管內，也容易出現雙黃蛋。據統計，雙黃蛋的出現比例約為千分之一。高郵為傳統的蛋鴨產區，基數大，雙黃蛋自然就多。高郵湖的小魚小蝦多，鴨子食物蛋白質豐富，這也有利於雙黃蛋的產生。

一隻優秀的雙黃鹹鴨蛋是怎樣煉成的呢？蛋黃主要由油脂、蛋白質和水構成。其中油脂被蛋白質和卵磷脂分散成一個個小顆粒，這些顆粒太小了，肉眼看不見。它們分散在水中，容易讓人以為是液體，其實是固體，大概佔了蛋黃的一半空間。

蛋殼的主要成分是碳酸鈣，看起來是密閉的，其實上面有成千上萬個微孔。自然狀態下，這些微孔蛋殼被表面的一層膠狀物所封閉。經過清洗或在水中浸泡，這層膠狀物被破壞，高濃度的鹽水滲透壓大，鹽往蛋的內部擴散，而蛋黃中的水則往外滲出。

油脂本來是在脂蛋白顆粒中的，隨着蛋黃中水的流出，這些固體顆粒暴露了，鹽離子和給鹹鴨蛋加熱破壞了它的穩定性，使它總體上變小了，顆粒與顆粒之間也出現了許多縫隙。這些縫隙被析出來的油脂填充，視覺上就成了油中有許多細小的顆粒。這，就是一隻優秀鹹鴨蛋的第一個特徵——起沙。

蛋黃的一個個脂蛋白顆粒均勻分散在水中，鹽的滲入大大增加了水中的離子濃度，而脂蛋白顆粒在高鹽環境中不穩定，就會導致一些油脂被釋放出來。鹽濃度越高，時間越長，釋放出來的油脂就越多。煮鹹鴨蛋時，高溫還會大大促進鹽離子對脂蛋白的

破壞能力，所以鹹蛋經過加熱煮熟，還會有更多的油脂被釋放——醃好的鹹鴨蛋，能有一半以上的油脂釋放出來。這就是一隻優秀鹹鴨蛋的第二個特徵——出油。

蛋黃的顏色由其中的色素濃度決定，色素存在於油脂中。經過醃製，油脂從脂蛋白顆粒中跑了出來，填滿了脂蛋白顆粒的縫隙，相當於被色素染上了顏色的油脂包裹了脂蛋白顆粒，我們就直接看到了色素。醃製大大降低了蛋黃中的水含量，相當於增加了色素的濃度，也使得蛋黃的顏色更深。另一方面，鹽和蛋黃中的鐵產生化學反應，也對蛋黃的顏色做出了貢獻。這就是一隻優秀的鹹鴨蛋的第三個特徵——紅亮。

高郵鴨吃小魚小蝦，這些小魚小蝦含蝦青素，蝦青素貯存在蛋黃裏，遇熱變成紅色。如果讓母鴨吃點含葉黃素、玉米黃素的飼料，比如粟米、綠色蔬菜、花卉等等，也有利於讓蛋黃更紅。在飼料中添加加麗素紅或者加麗素黃（俗稱「蛋黃精」）——這些色素是合法的飼料着色劑，對人體沒有危害，也可以達到這一效果。但臭名昭著的蘇丹紅，有時會被不法商人添加在鴨飼料中，這對人體有危害，必須予以警惕！

鹹鴨蛋以高郵出產的最佳，這沒甚麼爭議。袁枚在《隨園食單．小菜單》中有「醃蛋」一條：「醃蛋以高郵為佳，顏色紅而油多。高文端公最喜食之。席間先夾取以敬客。放盤中，總宜切開帶殼，黃、白兼用；不可存黃去白，使味不全，油亦走散。」高文端公就是高晉，自知縣累官至安徽府市政使、巡撫、兩江總督、文華殿大學士兼江甯織造和江南河道總督，和袁牧有詩酒往來，算是鹹鴨蛋的第一粉絲。

「醃蛋以高郵爲佳，顏色紅而油多。高文端公最喜食之。席間先夾取以敬客。放盤中，總宜切開帶殼，黃、白兼用；不可存黃去白，使味不全，油亦走散。」

——袁枚《隨園食單》

袁枚認為吃鹹鴨蛋要蛋黃、蛋白一起吃，否則「味不全」、「油也走散」。現代著名的美食家汪曾祺先生在《端午的鴨蛋》一文中回憶家鄉高郵的鹹鴨蛋說：「我走的地方不少，所食鴨蛋多矣，但和我家鄉的完全不能相比！曾經滄海難為水，他鄉鹹鴨蛋，我實在瞧不上。」另一高郵人，北宋詩詞大家秦少游，曾送給老師蘇東坡高郵大閘蟹和鴨蛋，並賦詩《寄蓴薑法魚糟蟹》一首：

鮮鯽經年漬醽醁，團臍紫蟹脂填腹。
後春蓴茁滑於酥，先社薑芽肥勝肉。
鳧卵纍纍何足道，飣餖盤餐亦時欲。
淮南風俗事瓶罌，方法相傳為旨蓄。
魚鱐蜃醢薦籩豆，山蔌溪毛例蒙錄。
輒送行庖當擊鮮，澤居備禮無麇鹿。

這首詩讀起來頗費勁，大意是：新鮮的大鯽魚，泡了一年的美酒，團臍紫蟹滿肚子的膏，立春後的蓴菜潤滑超過油酥，秋社前的芽薑比肉還要肥脆。鴨蛋沒甚麼好說的，堆砌擺盤有的是。裝瓶入罌醃製菜餚是淮南的風俗，這方法是為把美味好好儲存。魚鯗乾和肉醬是給您裝裝菜盤子，山菜水藻都請您收下，千萬別客氣！專給您送去的這些請當作鮮肉來做菜，水鄉的人實在沒甚麼山珍野味。

有人據此說秦少游送的是高郵鹹鴨蛋，不過，我倒不認同。秦少游拜蘇東坡為師，送的禮物「鳧卵」，應該是**野鴨蛋**。家養的鴨，不會叫「鳧」，而叫「鴨」，這有蘇東坡的詩句「春江水暖鴨先知」為證。但說秦少游送的野鴨蛋有可能是醃製的，這也沒有證據反駁，堆砌擺盤似乎也符合吃鹹鴨蛋的形式。

蘇東坡喜不喜歡鹹鴨蛋，這不好說，因為沒有文字記載，倒是清代的學者王應奎在《柳南隨筆》裏，寫了這麼兩個有關吃鹹鴨蛋的故事，一個是：明朝時，御史中丞陳察很是節儉，每天買一隻鹹鴨蛋，一分為四，「半以供師子饌，半以分啖父子」，一半給了孩子的老師，剩下的和孩子兩人各四分之一！

還有一個故事是：明嘉靖年間常熟富豪譚曉，每天煮一隻鹹鴨蛋，在鴨蛋上開一個只能容筷子伸進去的小口，一頓飯挖四分之一送飯，「飯畢，封其竅留之，共四飯乃盡」。一隻鹹鴨蛋配四頓飯！哇，這兩個人，簡直就是節約糧食、制止舌尖上浪費的典範了。

細說鹹鴨蛋

大部分人喜歡鹹鴨蛋，是喜歡鹹蛋黃的鹹香；相比之下，鹹蛋白就遜色了很多。四川美食家暢娃老師就說，吃鹹蛋白是對吃鹹蛋黃的懲罰。鹹蛋白為甚麼比鹹蛋黃鹹呢？那是因為蛋黃脂肪含量高，會阻礙食鹽的滲透和擴散，造成蛋黃含鹽量相對蛋清較低。有人為了降低蛋白的鹹度，故意調低鹽水的濃度，或者縮短醃製時間，這又影響了蛋黃的起沙、流油和紅亮。

放多少鹽、醃多久好呢？這裏有一個簡單的方法：燒開水，往開水中放鹽，放到鹽融化不了為止，即飽和狀態。這時鹽的濃度為百分之二十，待水冷卻後再放入鴨蛋，浸泡二十五天！

舊時王謝堂前燕，飛入尋常百姓家

好友老傅年前送來一箱「碗燕」（編按：一款碗裝的即食燕窩）作為新年禮物後就去海南躲新冠病毒了，讓我連回禮的機會都沒有。某天，我認真吃了一碗，裏面燕窩潤滑爽口，鮮中帶香，不錯！

燕窩是指金絲燕分泌出來的唾液，主產於馬來西亞、印尼、泰國、越南和緬甸等東南亞國家及中國的福建和廣東沿海地帶。

燕窩含有豐富的蛋白質、游離氨基酸以及特殊的唾液酸，其美白功效尤其令人津津樂道。

燕窩是高蛋白質食物，蛋白質含量約高達百分之五十，而水解氨基酸含量也大約高達百分之四十二。平時我們吃燕窩，多為或鹹或甜口味，很難嚐出燕窩的真味。純燕窩的味道其實相當不錯，既鮮又香，那是因為其中的天冬氨酸和穀氨酸提供了鮮味，酪氨酸和苯丙氨酸又提供了芳香味道。即食燕窩經過高溫高壓，正常情況下會破壞這四種氨基酸。碗燕卻能保留這種鮮香，說明這四種氨基酸都得到了很好的保存，這估計就是它們的商業秘密，也是它們能年銷十幾億的原因了。

曾有認真的營養專家說，燕窩的成分牛奶、雞蛋都有，吃燕窩不如喝牛奶、吃雞蛋，這事我得講講道理。單從蛋白質和氨基酸講，牛奶和雞蛋確實與燕窩不相上下，關鍵還便宜。蛋白質也好，

氨基酸也罷，人吃下去後都經過我們身體各種分解酶把它變成氨基酸，從而被人體吸收。但我們吃東西，還有對味道和口感的追求。否則，我們花錢花工夫去做美食幹嗎呢？還不如上醫院輸液吊瓶呢！再說了，燕窩中的燕窩酸，也可以叫唾液酸，真不是其他食品可以替代的：碗燕高達六克的燕窩，就有約六百個單位的唾液酸，相當於六十個雞蛋的唾液酸含量。一次吃六克燕窩是享受，吃六十個雞蛋就難受了！

燕窩酸是甚麼東西？傳說燕窩有美白功效是真的嗎？確實是真的！人體皮膚有一種氨基酸，叫酪氨酸，同時又有一種酶與之共存，叫酪氨酸酶。酪氨酸酶對酪氨酸進行分解，就生產一種叫左旋多巴的東西，左旋多巴又會變成多巴色素，然後變成黑色素，這就是我們臉變黑的原因之一。燕窩酸可以抑制酪氨酸酶，因此就阻斷了皮膚變黑的過程。當然，更科學的說法應該是：燕窩不能使人變白，但在不曬黑的前提下，可以讓你不變黑！

中國人吃燕窩的歷史並不長，這個可以從歷史文獻中找答案。最早記載食用燕窩的，是明朝的屠本畯。他在《閩中海錯疏》說：「燕窩，相傳冬月燕子銜小魚入海島洞中壘窩，明歲春初，燕棄窩去，人往取之。」又說，「一說燕於冬月先銜鳥毛綢繆洞中，次銜魚築室，泥封戶牖，伏氣於中，氣結而成。明春飛去，人以是得之。員如椰子，須刀去毛，劈片，水洗淨可用。」又引《海語》謂，「海燕……春回，巢於古岩危壁茸壘，乃白海菜也。島夷伺其秋去，以修竿執取而鬻之，謂之海燕窩。隨舶至廣，貴家宴品珍之，其價翔矣。」

按史書記載，燕窩是鄭和下西洋時帶回中國的，到萬曆年間開始形成進口貿易並開徵了關稅，可見那時燕窩開始在國內有所推廣。明末清初，江左三傑之一、擅長寫敘事詩的吳偉業寫了一首《燕窩》：「海燕無家苦，爭銜小白魚。卻供人採食，未卜汝安居。味入金齏美，巢營玉壘虛。大官求遠物，早獻上林書。」這首詩透露了燕窩的兩個訊息：**味美**、**大官才吃得起**。

《紅樓夢》中「燕窩」二字也曾頻繁出現，第四十五回寶釵道：

> 每日早起拿上等燕窩一兩、冰糖五錢，
> 用銀銚子熬出粥來，若吃慣了，
> 比藥還強，最是滋陰補氣的。

這是冰糖燕窩，他們說成燕窩粥。對富貴人家來講，這是吃得慣吃不慣的問題，不是吃得起吃不起的問題。

清代大吃貨袁枚在他的《隨園食單》中這樣說燕窩：「燕窩貴物，原不輕用。如用之，每碗必須二兩，先用天泉滾水泡之，將銀針挑去黑絲。用嫩雞湯、好火腿湯、新蘑菇三樣湯滾之，看燕窩變成玉色為度。此物至清，不可以油膩雜之；此物至文，不可以武物串之。今人用肉絲、雞絲雜之，是吃雞絲、肉絲，非吃燕窩也。且徒務其名，往往以三錢生燕窩蓋碗面，如白髮數莖，使客一撩不見，空剩粗物滿碗。……不得已則蘑菇絲、筍尖絲、鯽魚肚、野雞嫩片尚可用也。」

大概意思是：燕窩好貴，每吃一次，一人要用去二兩，用雞、火腿和鮮蘑菇熬湯最好吃，有些人放肉絲和雞絲，根本不懂怎麼吃燕窩，差評！

曹雪芹推薦的是冰糖燕窩，每次用一兩；**袁枚推薦的是金湯燕窩**，每次二兩起步。這兩個口味，碗燕都有。一百多元一碗的碗燕，對於現代人來說，即使不是達官貴人也吃得起，真應了那句「舊時王謝堂前燕，飛入尋常百姓家」。

肆・柒

松露：非筆墨能形容的香氣

文書兄生日宴上，老蔡帶來了意大利白松露，白松露獨特的香味引來陣陣尖叫。我坐他旁邊，近水樓台先得月，不論甚麼菜，他都往我碟裏刨白松露，就差往茶水杯裏刨了。

松露這種被法國著名美食家布里亞・薩瓦蘭（Jean Anthelme Brillat-Savarin）稱為「廚房鑽石」的香料，大約有十個不同的品種，多數在闊葉樹的根部着絲生長，一般生長在松樹、櫟樹、橡樹下方圓1.2至1.5平方米的地方，深度為地下三至四十厘米。由於見不到陽光，松露本身沒法參與光合作用，養分全來自與其共生的松樹、櫟樹、橡樹的樹根。目前意大利、法國、西班牙、克羅地亞、中國、新西蘭等國都有松露，黑松露一年產量約三十五噸，白松露約五噸，其中以**法國黑松露、意大利白松露**品質最佳。我們的雲南省、四川省、東北地區也產黑松露、白松露，但味道寡淡，做成松露醬還不錯。

白松露的味道被形容為世上獨一無二，而事實是，白松露的氣味的確非文筆所能描述。意大利名廚Carlo Cracco曾說，白松露有如烏托邦，「雖然知道卻描摹不出，可以察覺卻無法咀嚼，雖然靠近，卻抓不住它的精魂」。並不是所有人都對白松露奇妙的氣味買帳，也有人形容它的味道難聞得就像刺鼻的大蒜。法國人用麝香、精液和經年未洗的床單味來形容松露散發出的複合芬芳，那也是一種誘發人類原始衝動的、性慾的味道。松露的特殊氣味來自其中的脂類、萜類，萜類遇熱揮發，所以**松露只能生吃**。有人用黑松露燉湯，那是極大的浪費，不如用香菇更香。

白松露的味道被形容為世上獨一無二，而事實是，白松露的氣味的確非文筆所能描述。

那天晚上的意大利白松露，一個又一個都如拳頭那麼大，這也太難得了。

由於松露是生長在地下地區三至四十厘米深之處，人的視覺和嗅覺均無法找到，所以必須借助其他工具，因此也產生了不同的尋找松露的版本——有豬拱說，有狗尋說。弄了半天我才搞明白，其實是法國和意大利兩個主產區尋找松露的方法不同。在法國，人們習慣把母豬當作收穫黑松露的得力助手。母豬的嗅覺極其靈敏，在六米遠的地方就能聞到埋在地下的松露。這是因為松露的氣味與誘發母豬性衝動的雄甾烯醇類似，所以母豬對其情有獨鍾。但是母豬有貪吃松露的毛病，如果獵人沒有及時攔住，母豬找到松露時會瘋狂地將它拱出來吃掉。而在意大利，人們則更喜歡用經過訓練的雌性獵犬來尋找白松露。通常，獵犬會用牠的爪子在松露所在的位置上做個記號，等主人來後用小爪子小心翼翼地從土壤中將珍貴的松露挖出來。

說了這麼多，最後再說句真心話，這種食材，終究是一種調味料，沒見過有人把它當成主材或烤或煎，大塊吞咽。一個配角，卻能搶了主角的戲份，確實有點「過分」。

細說松露

科學研究顯示黑松露含有豐富的蛋白質、十八種氨基酸（包括人體不能合成的八種必需氨基酸）、不飽和脂肪酸、多種維他命、鋅、錳、鐵、鈣、磷、硒等必需微量元素，以及鞘脂類、腦苷脂、神經醯胺、三萜、雄性酮、腺苷、松露酸、甾醇、松露多醣、松露多肽等大量的代謝產物，具有極高的營養保健價值。

其中雄性酮有助陽、調理內分泌的顯著功效；鞘脂類化合物在防止老年癡呆、動脈粥樣硬化以及抗腫瘤細胞毒性方面有明顯活性；多醣、多肽、三萜具有增強免疫力、抗衰老、抗疲勞等作用，可用於保健養身。

肆・捌

迷人的花椒

一九八一年出生的馮永標師傅，從君悅酒店跳槽到東塔的瑰麗酒店，吊了我近一年的胃口。瑰麗酒店中餐廳開業不久，一切都在完善中，迫不及待的平兄就組局前往。擺在桌上的一碟花椒蝦麵，確實好吃——極少量的花椒油，浸入絲絲細麵中。夾一口蝦肉麵，我們先體驗到的是椒香，**花椒特有的香味佔據整個口腔**；隨後，麵香和肉香依次覆蓋，一種滿滿的幸福感油然而生！這個花椒香，的確迷人。

在辣椒還未傳入中國之前，川菜多用花椒來製造辣的口感，以至於花椒的英文就叫「四川辣椒」。但川菜用花椒，是為了追求麻辣的刺痛感，花椒特有的芳香味道反而被忽略了。大劑量的花椒，不僅僅辣，還會引發一種**刺痛、迷醉、麻木的奇異感受**，令我們身體分泌內啡肽。但當我們注意力被辛辣麻感佔據後，就無法像平時那樣專注於其他味道，從而減弱了我們對味道的感知。馮永標師傅只用少量的花椒油，就發揮了花椒的香氣，這裏用了一個簡單的烹調原理——稀釋，導致花椒刺激沒那麼強烈，增添了麵和蝦所欠缺的風味！

漢成帝的寵妃，第一代骨感美女趙飛燕久承恩露，但遲遲懷不上龍種。御醫診斷是風寒入裏，宮中溫度太低導致不孕。因此用花椒塗滿四壁，取其室溫正氣，趙飛燕果然生了兒子。這當然是偏方，但自此以後就有「椒房之寵」一說。歷史上，花椒最大的粉絲當數南宋詩人劉子翬，他專門為

花椒寫了首詩：

欣忻笑口向西風，噴出元珠顆顆同。
采處倒含秋露白，曬時嬌映夕陽紅。
調漿美著騷經上，塗壁香凝漢殿中。
鼎餗也應知此味，莫教薑桂獨成功。

那顆粒飽滿、散發香味的花椒，在他的眼裏是千嬌百媚、天下無雙。《詩經》上的說法和「椒房」的典故，他都注意到了，而且說，做飯時千萬別漏了這個寶貝，別讓生薑和桂皮獨美。這個劉子翬，也是理學大家，而且還是大名鼎鼎的朱熹的老師。看來，理學家們在「格物」的同時，也善於烹調之道，不錯不錯！

川菜中，一般都大把大把地用花椒，追求的是強烈的刺激感。馮永標師傅淡用花椒，取的是花椒的香味，看來是更懂花椒的粉絲。年紀輕輕卻具有深厚粵菜功底的馮永標師傅，十分好學又善於思考，人又長得特別帥，前途不可限量。

細說花椒

花椒在中國有着悠久的種植歷史，古代常有讚頌花椒的詩句和文章，最早的當數《詩經》：「視爾如荍，貽我握椒。」意思是說看到眼前的女子貌美如花，而她也回應心意，送來一把花椒。花椒讓人聯想到生兒育女，是因為它的聚傘圓錐花序通常有很多小花，結成的果實如同石榴一樣象徵着多子多福。

花椒在中國有着悠久的種植歷史，古代常有讚頌花椒的詩句和文章，最早的當數《詩經》：「視爾如荍，貽我握椒。」

肆・玖

壽司的前世與今生

廣州青木餐廳的壽司，讓我一下子就喜歡上了：接近人體溫度的醋飯，讓疊加在它上面的各種生魚片、貝類、海膽沒有冰冷的感覺；醋飯偏酸的味道與各類海鮮的味道十分合拍。因為有酸味，壽司不用再蘸醬油，也讓我們更好地品嚐到了各種海鮮的原味。

壽司是我們對日文發音SUSHI的音譯，這種醋飯和魚蝦貝的簡單組合，不會受其他味道的干擾。宛若凝脂的珍珠米飯，色彩艷麗的各類魚生，恰到好處的捏製弧度，接近人體的完美溫度，醋飯的酸、醬油的鮮，配上山葵和薑片的辛辣與清新，完美烘托出食物的本身滋味，纏綿於唇齒之間。而且，它既有肉又有飯，既有蛋白質又有澱粉，再配點青菜，就既管飽又有營養，是多麼方便且科學的食物！

據自媒體「薩爾茨堡的魚」考證，壽司的歷史演變頗為複雜。

奈良時代，壽司最早以「贄鮨」的形式出現，贄鮨是人們祭祠時供奉神靈的食物，由魚肉和米飯發酵而成。製作贄鮨通常需要部族裏德高望重的長者完成，祭祠完成後人們會樂此不疲地分食贄鮨以求神靈的庇護。

宛若凝脂的珍珠米飯，色彩艷麗的各類魚生……醋飯的酸、醬油的鮮，配上山葵和薑片的辛辣與清新，完美烘托出食物的本身滋味，纏綿於唇齒之間。

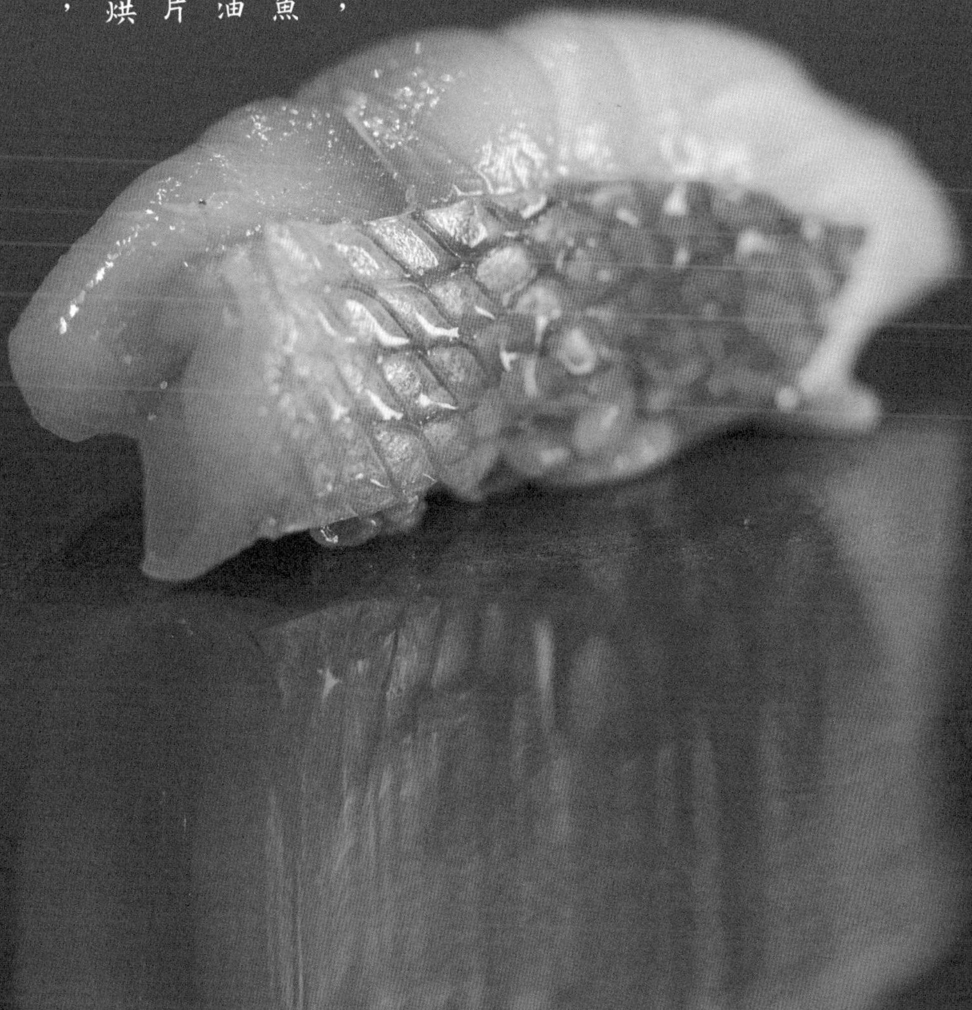

室町時代，壽司的製作工藝發生了質的變革。由於漫長的發酵過程既費時又會造成米飯的浪費，熟壽司的製作技藝漸漸被人們捨棄，取而代之的是直接在米飯中加入食醋。醋飯被放在木盒裏壓實，撒上魚和貝類，再用蓋子壓緊，就是關西地區誕生的「箱壽司」。

江戶時代，箱壽司從關西傳到了大江戶，也就是現在的東京地區。江戶時代眾多的基礎建設吸引了無數外來人口。男人們大多不攜帶家眷，沒有女人們料理家務，男人只能自行解決吃飯的問題，這就急需一種方便製作壽司的方式。於是，不需要工具的握壽司毫無疑問最適合當時快節奏生活的江戶人。不知何時，人們漸漸拋棄了箱壽司，只剩下握壽司，快節奏的生活以及快餐文化的興盛將箱壽司驅逐出了江戶。

一方水土養一方人，大概從元朝開始，刺身逐漸淡出中國人的飲食習慣，取而代之的是各種熟食，而鮨和鮓更是只存在於古籍中。醋飯加魚生，從科學角度來看還是有其合理性的：酸是氫離子刺激味蕾引起的，能分泌出大量唾液，因此使人胃口大開。魚的腥味源於魚身上一種叫氧化三甲胺的東西，魚死後，在腐敗細菌尤其是兼性厭氧菌的作用下，會產生三甲胺，這就是魚腥的元兇。而醋裏的氫離子會在氧離子離去之後與三甲胺結合，減弱三甲胺的形成，降低魚腥味，使魚更好吃。

好了，喜歡壽司的你，可以到青木餐廳試一下，這絕對不是迴轉壽司可以比的。（編按：此餐廳已暫停營業。）

細說壽司（一）

壽司在日本文字裏寫成「鮨」或「鮓」，這兩個字其實是中文，只是我們現在基本不用。先秦古籍《爾雅》中有「鮨」字。《爾雅注疏・釋器第六》中介紹道：「冰，脂也。肉謂之羹，魚謂之鮨。」肉碎叫作羹，魚碎叫作鮨。北宋辭典《集韻》對「鮨」字的解釋是「鮓也」。這個字我們現在很陌生，但古時候卻很常見。

細說壽司（二）

隨着壽司的發展和外來文化的融入，壽司也衍生出了多種多樣的形式。捲壽司、手捲壽司、軍艦壽司、炙壽司，都是壽司的多樣化體現。至於風靡美國和加拿大的加州卷，則純粹是一個壽司到美洲後的改良品：美國人將紫菜誤當成包裝紙棄而不食，廚師們乾脆把紫菜捲在裏面，再加上人們喜歡的青菜，於是一種新的壽司誕生了。

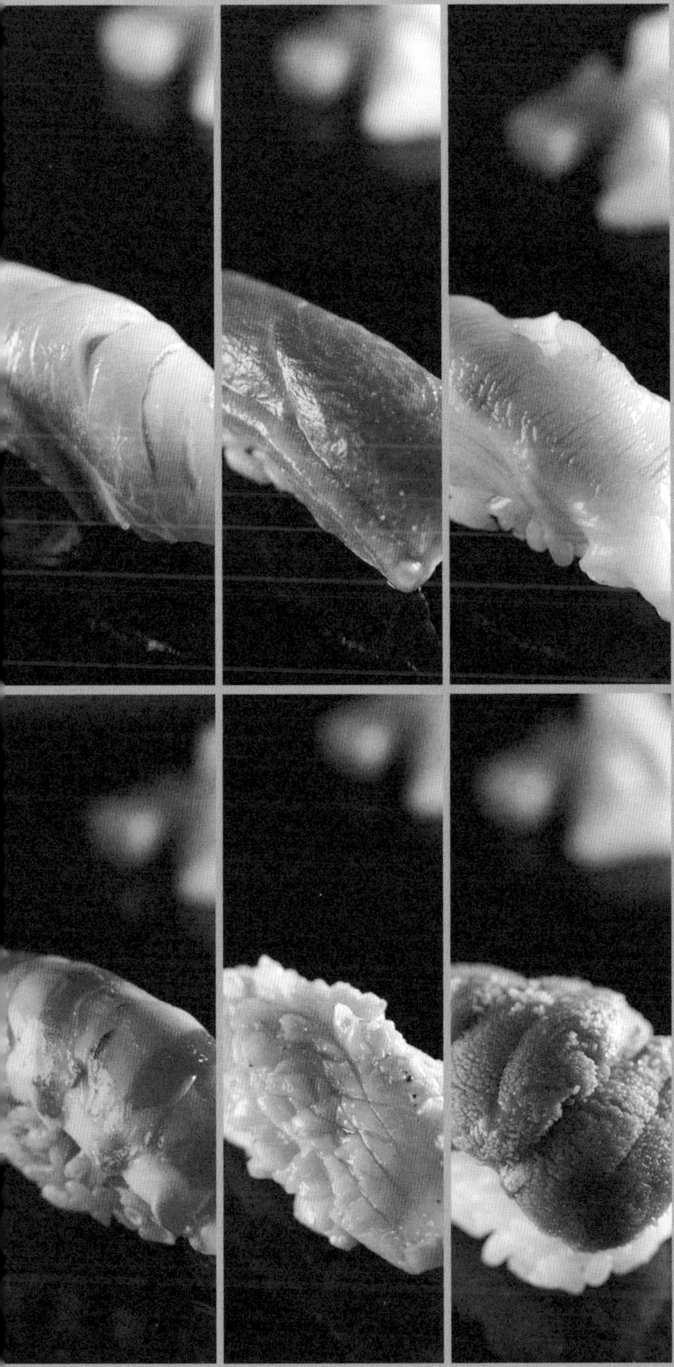

肆・拾

給味精平反

美國的華人超市有半成品的油條出售，只需回家後在焗爐裏用攝氏三百五十度焗三分鐘，就和剛油炸出鍋的油條一樣，甚是不錯。奇怪的是，其包裝上寫着大大的「不添加味精」五個字，誰家油條會添加味精啊？看來，對味精的恐懼，已經深入華人的內心。

味精的化學成分為穀氨酸鈉，是一種鮮味調味料，易溶於水，其水溶液有濃厚鮮味。與食鹽同在時，其味更鮮。味精可用小麥麵筋等蛋白質為原料製成，也可由澱粉或甜菜糖蜜中所含焦穀氨酸製成，還可用化學方法合成。穀氨酸鈉在人體內參與蛋白質正常代謝，促進氧化過程，對腦神經和肝臟有一定保健作用。有些人堅信味精不是甚麼好東西，依據是吃了有味精的菜或湯後容易口乾。這其實是穀氨酸鈉進入人體內後，鈉離子和人體內的水分結合，加速了排泄，導致口乾。加速排泄，

這不是挺好的事嗎？再說，我們喝水普遍偏少，口乾就會多喝點水，挺好的！

雖說味精有益無害，但也要科學用味精。穀氨酸鈉並不是單純地呈鮮味，而是酸、甜、鹹、苦、鮮五味俱全，鮮味所佔的比例較大。同時穀氨酸鈉的鮮味只有在食鹽存在的情況下才能呈現出來，並且對酸味、苦味有一定的抑制作用，即有一定程度的味道緩衝作用。如果在沒有食鹽的菜餚中加入純味精，不但毫無鮮味，反而會產生一種使人感到不快的腥味。

穀氨酸鈉的鮮味與菜餚的酸鹼度之間也有一定的關係。在酸度較高的環境中使用味精時，由於穀氨酸的形成導致酸味增強，鮮味減弱。若在鹼性環境中使用，味精能生成無鮮味的穀氨酸二鈉使其失效。因此，味精應在中性或弱酸性環境中使用，且增鮮效果最好。而在製作酸鹼性食品時，如製作含糖、醋或番茄汁的菜餚不宜加入味精。穀氨酸鈉中的鈉活性甚高，容易與鹼發生化學反應，產生一種具有不良氣味的穀氨酸二鈉，失去調味作用，所以鹼性較強的海帶、魷魚等菜餚不宜加味精。

妖魔化味精的元兇是雞粉生產商！廣告宣傳中，一隻只精神抖擻的雞佔據着封面，讓人堅信雞粉是在雞湯中提取的，雞粉生產商妖魔化味精，使得雞粉可以用更高的價格佔據市場。其實，市面上的雞粉，其主要的成分就是味精和鹽。此外，雞粉中還添加了助鮮劑核苷酸、澱粉、膨化劑、香精、色素等。至於雞湯甚麼的，你想多了，基本沒有。幾十元一大罐的雞粉，如果是雞湯的濃縮，該用多少隻雞啊？加入少量核苷酸可以讓味精增鮮二三十倍，但是雞粉在生產的時候又加入了大量鹽、澱粉等，因此鮮味相對味精而言並沒有提升多少，在實際使用的時候用量差不多。

所以，大膽地使用味精吧，沒事！

肆・拾壹

甜蜜並不縹緲

我對《風味人間》第二季期待已久，開篇的《甜蜜縹緲錄》，其恢宏的視野，精緻的畫面，溫情的故事，令人甚是震撼。

甜多出現在喜宴中，那是為了讓親朋好友分享甜蜜的喜悅。我們現在的宴席，也會來個餐後甜品，這是從西餐學來的，不是中餐的主流。當然，中餐中的甜菜式也頗多，各種拔絲、糖醋之類，但放在浩瀚的中餐菜譜裏，也只是滄海一粟，絕對不是主流。箇中原因，還是糖太稀罕了。中國社會物資豐富的時代非常短，這二三十年算是，可是大家已經知道甜的危害，普遍不喜歡太甜的食物了。這一味覺偏好，也救了我們中國人：我們國家的肥胖症和糖尿病患者，比西方少很多！

但這不是說中國人不喜歡甜，早在西周時，我們的祖先就弄出了麥芽糖。《詩經・大雅》中有「周原膴膴，堇荼如飴」的詩句，意思是：周的土地十分肥沃，連堇菜和苦苣也像飴糖一樣甜。飴糖，俗稱麥芽糖，從澱粉中提取。這首詩說明遠在西周時就已有飴糖，飴糖被認為是世界上最早被製造出來的糖。早在公元前四世紀的戰國時期，人們就已經從甘蔗中獲取甜味了，這個可看屈原的《楚辭・招魂》：「胹鱉炮羔，有柘漿些。」這裏的「柘」即是蔗，「柘漿」是從甘蔗中取得的汁，說明戰國時代，楚國已能對甘蔗進行原始加工。這句話的意思是：清燉甲魚、火烤羊羔，再蘸上新鮮的甘蔗糖漿。注意了，這裏只是糖漿，離糖還遠着呢！

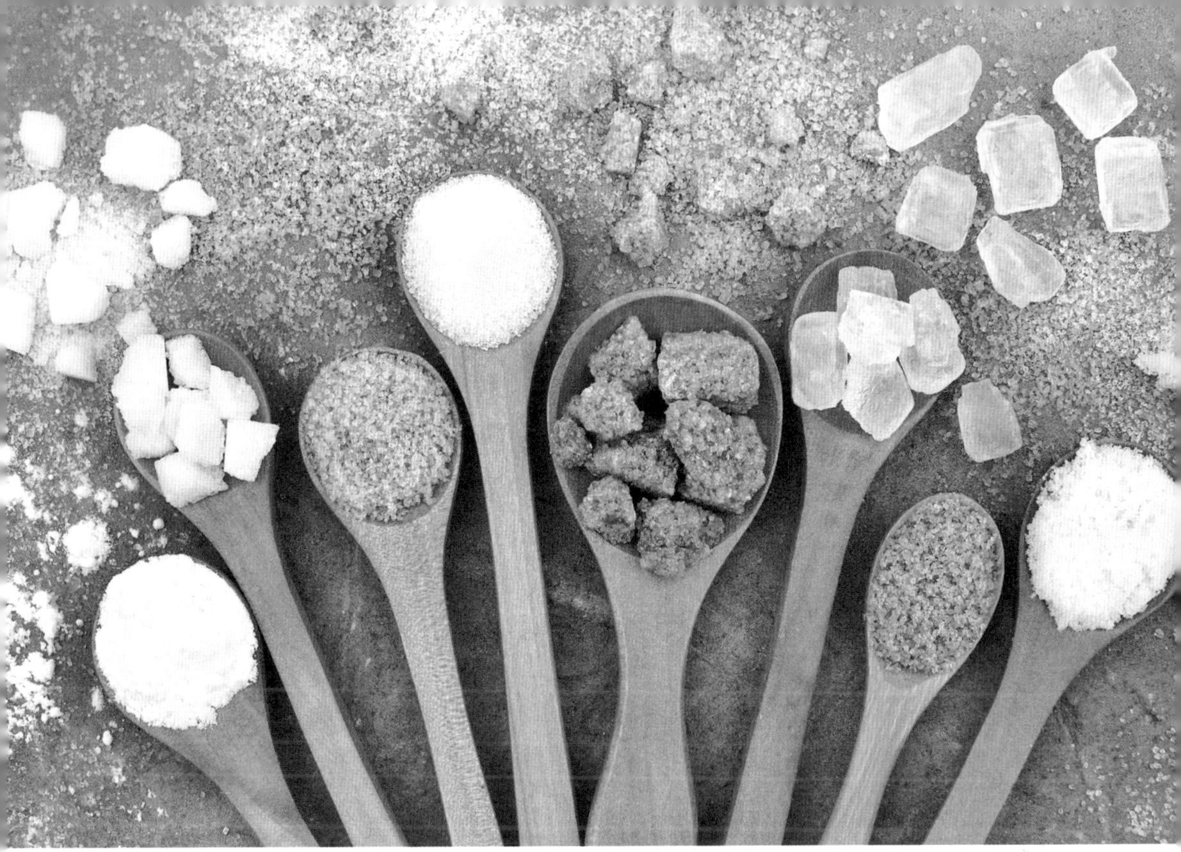

蔗糖的提取工藝，還要歸功於印度，此事可見《新唐書》：「摩揭它，一曰摩伽陀，本中天竺屬國。……貞觀二十一年，始遣使者自通於天子，獻波羅樹，樹類白楊。太宗遣使取熬糖法，即詔揚州上諸蔗，拃沈如其劑，色味愈西域遠甚。」這一記載，說明唐太宗派人到印度學習製糖技術。在此之前，我們的製糖工藝，也只停留在糖漿和砂糖階段。而從印度學習後，白糖和冰糖相繼在中國出現。論起製糖技術，印度還是我們的師傅。

科技的發達讓我們具備只取甜味帶來的愉悅感，不要熱量、不要身體系統為了調節血糖而承受壓力，於是代糖出現了，包括各種糖醇和高效能甜味劑。同時，人類經過長時間的摸索，也總結出一些讓食物增甜的秘訣，比如甜食經過冷藏會更甜，這是因為糖裏的兩個分子甜度不一樣，低溫使不太甜的分子向甜的分子靠近，因此食物更甜了。

廚師說「要想甜，加點鹽」，我們吃西瓜時也會蘸點鹽水，那是因為水果的甜同時具備了酸，鹹味把酸味蓋住了，自然就彰顯了甜。

傳統的甜食都太甜，現代人的口味偏好其實已經改變了，不喜歡太甜。如果不懂得因時而變，仍然固守傳統，這樣的食物自然會被拋棄。這，該是一些傳統甜食不受待見的原因吧。

細說甜蜜（一）

在蔗糖出現之前，人類獲得甜的口感靠的是蜂蜜，那時還沒有人工養蜂，蜂蜜的獲得並不容易，所以甜是一種難得的口感。

廚界祖師爺伊尹說：「調和之事，必以甘酸苦辛鹹，先後多少，其齊甚微，皆有自起。」你看，裏面只提到甘，沒有甜，那是因為甜太難得到了，比甜低一個層次的甘就被推為古代的五味之一。要知道，伊尹伺候的可是帝王，而不是普通群眾。即使是在有蔗糖的年代，糖也是奢侈品。中餐裏甜食並不多，主要出現在年節菜中，那是辛苦勞作一年後的一次奢侈。

細說甜蜜（二）

人類喜歡甜，是因為所有的生命都仰賴糖提供能量作為細胞活動的燃料。我們的味覺感受器天生就能辨認食品是否含糖，也因此我們的大腦才將這種感受和欣喜畫上等號。

糖提供極高的熱量，過量攝入，會導致肥胖和糖尿病。糖為人體提供能量，血管把糖輸送到所有細胞。過量的糖會損害循環系統和神經系統，給胰島素系統帶來壓力，導致糖尿病。鏈球菌在口中寄生，以食物殘屑維生。我們吃糖時，糖在口腔轉化成帶黏性的溶菌斑碳水化合物，再進一步轉化成有機酸，這種酸會侵蝕牙齒釉質，這就是蛀牙。

糖給我們帶來愉悅感和能量，但過量的攝入也帶來一系列疾病。注意：我們說的糖，也包括澱粉類的食物，因為我們身體的各種酵素會把澱粉分解為糖，所以要想控制糖的攝入量，也要控制澱粉類食物的攝入量。

第五章

食在廣州

伍·壹

老當歸燉田雞

食在廣州，廣州好吃的餐廳無數，這是我喜歡廣州的理由之一。硬要給廣州的餐廳排個座次的話，這既不科學，也有失公允，因為個人的味覺偏好、消費習慣不一樣。說起我最喜歡的餐廳，那就非好酒好蔡莫屬了。

以潮菜為功底，吸收其他菜系和西餐一切合適的食材與表現手法，然後進行國際化表達，這是我對好酒好蔡餐廳經營理念的理解。若你到好酒好蔡，叫上這幾道菜，大概可以窺見一二：

一是脆皮婆參。生長於熱帶海域的海參，個頭和形狀如小母豬，所以稱「豬婆參」，潮汕人簡稱婆參。把婆參用高湯煨至軟糯入味，然後通過油炸，達到外脆裏糯的複雜口感，是傳統的脆皮婆參的做法。好酒好蔡做了些許改進：用西餐日常用的火槍代替油炸，婆參的外層遇到明火高溫脫水，從而達到脆的目的，油脂更少，更符合現代人少油的味覺偏好。經過火炙的婆參皮呈麻皮狀，更有美感，因而也更能挑動你的食慾。淋上經過熬製的醬汁調味，給人一種熟悉的味道，仿似西餐。醬汁濃稠的秘密不是用澱粉勾芡，而是把花膠熬至糊狀。吃這道菜，我會配上一杯單叢茶，因為它味道太濃郁了，不喝杯濃茶清洗一下口腔，無法品嚐下一道菜！這道菜太濃稠了，不用濃茶沖洗一下，嘴唇容易黏住，連話都沒法說！

二是老當歸燉田雞，一份的標準是三個田雞後腿。當歸有補血活血的功效，常當藥膳用，濃郁的藥味替代了美味，讓人感覺似乎在喝中藥。好酒好蔡解決了這個問題：去藥味，留當歸的香味。當歸也產於歐洲和南美，在歐美是被當成香料的。當有人問老蔡是如何做到這點時，老蔡也和盤托出：一是控制用量，二是選用老當歸，時間讓當歸的味道更沉穩。

大吃貨袁枚在《隨園食單》裏寫了他認可的做法：「水雞去身用腿，先用油灼之，加秋油、甜酒、瓜、薑起鍋。或拆肉炒之，味與雞相似。」不論是「油灼之」還是「炒之」，都是只用田雞腿或拆肉，蔡昊卻只用後腿，論講究，比袁枚更甚！

廣東人以敢吃出名，古時候的廣東，南蠻之地，生產技術跟不上，只能逮到甚麼吃甚麼。韓愈被貶潮州，柳宗元當時任柳州刺史，托人給他帶去問候，並有贈詩，韓愈因此作了一首《答柳柳州食蝦蟆》，說他自己「余初不下喉，近亦能稍稍」，一開始不敢吃，最近能吃一點了。

這裏說的「蝦蟆」，就是「蛤蟆」，也叫蟾蜍，而不是田雞。蘇東坡被貶惠州，也吃蛤蟆，他在《聞子由瘦》中詩云「舊聞蜜唧嘗嘔吐，稍近蝦蟆緣習俗」，用現在的話說就是：以前聽到他們說吃剛出生的小老鼠，我都會吐，最近我都入鄉隨俗，敢吃蛤蟆了！

蛤蟆與田雞只是同屬，最多算是遠房親戚。蛤蟆的皮、耳後腺及卵巢均有毒，如果毒腺處理不

老當歸燉田雞——選用老當歸，
時間讓當歸的味道更沉穩。

乾淨，食客食用後就容易中毒，中毒後會引起噁心、嘔吐等症狀。以毒攻毒，中藥中有一味蟾酥，就是由蛤蟆的耳後腺及皮膚腺分泌物加工而成。蟾酥因所含甾體物、生物鹼等生物活性物質具有解毒、鎮痛、開竅、抗腫瘤等多種功能而被廣泛應用。但直接吃到蛤蟆裏的毒素還是十分危險的，隨着物質逐漸豐富，蛤蟆也逐步被淘汰，**美味且無毒的田雞當上了主角**。

乾隆朝時的廣州知府趙翼，曾寫過《食田雞戲作》，說田雞「貴過斑鷓玉面狸」——比斑鳩、鷓鴣、果子狸都好！「由來雋味在翹肖，何用猩唇獾炙熊蹯胹。」——好味道通常出自諸如田雞這種小動物，哪需要猩唇、烤獾和熊掌這些東西？趙翼是常州人，與袁枚一樣，都喜歡吃田雞，來到廣州，簡直如魚得水。

據嶺南美食研究專家周松芳博士的研究成果，粵菜成於清末民初，當時有兩道「太史田雞」，一道是江孔殷家的江太史田雞，就是冬瓜燜田雞，「冬瓜及田雞先行走油，煨以上湯，加草菇會合，慢火煎炆燉，熟冬瓜及田雞均炆至鬆，以之送飯，清甜滋補」。這個做法肯定好吃，豈止送飯，配酒更佳！

另一道太史田雞是廣州人梁鼎芬家的，梁鼎芬出生在越秀區中山四路附近的榨粉街，做過布政使，也做過張之洞的幕僚，還是廣雅中學的前身廣雅書院的首任院長，一生好吃。他們家的太史田雞是怎麼做的，沒有史料留下來，只是聽說做法傳給了廣州惠愛街的玉醪春。幾年之間，玉醪春就從只有幾個座位的小店鳥槍換炮，變成雕樑畫棟的大酒樓。這個故事，見唐魯孫的《大雜燴》裏的《爐肉和乳豬》。

一道太史田雞就可以令一個酒樓興旺如此，可見當時廣州人有多喜歡吃田雞。現在野生田雞要保護，養殖的倒是可以開發，哪個酒家推出太史田雞，應該會有生意。

細說田雞

田雞，學名虎紋蛙，最大可達半斤到一斤，味道鮮美，生於水田間，故名田雞，又叫水雞。又因皮有虎紋，故名虎紋蛙。田雞富含蛋白質、不飽和脂肪、氨基酸，肌肉中共鑑定出三十六種成分，其中醛類化合物有十五種，這些都對田雞的整體風味貢獻較大。

好酒好蔡只用田雞後腿，後腿是用來跳躍的，更粗更大，前腿是用來平衡身體和游泳的，沒後腿粗壯。至於食家如何分辨前腿後腿，告訴你一個秘密：看趾！前腿只有四個趾，後腿有五個趾。如果有人拿着四個趾的田雞腿跟你說這是後腿，那是胡扯！即使是三個田雞後腿，也熬不出如此美味。老蔡實話實說，他用了大量的田雞骨熬製出田雞湯。至於田雞其他肉，拿去做其他菜了。如此用心，豈有不好味之理！

伍・貳

最貴的一段紅蘿蔔

我已經吃了好幾年好酒好蔡餐廳的溏心甘筍，也就是高湯煨紅蘿蔔。蔡昊竟把一段普通的紅蘿蔔做得如此出色：甜得如在蜜汁中泡出來的一般，而居然沒用一點糖；品嚐時，能聞到一股松木和柑橘的混合香味，有時甚至還可聞到紫蘿蘭的香味，而烹飪時除了高湯和紅蘿蔔外，確實沒放其他東西；軟嫩的口感，彷彿在吃溏心鮑魚……

蘇東坡在被貶到海南時，窮困潦倒，吃肉是指望不上了，只能在蔬菜上面仔細擺弄。他寫了一篇《菜羹賦》，前言這麼說：「東坡先生卜居南山之下，服食器用，稱家之有無。水陸之味，貧不能致，煮蔓菁、蘆菔、苦薺而食之。其法不用醯醬，而有自然之味。蓋易具而可常享。乃為之賦。」大意是說：東坡先生住在南山腳下，穿着、飲食、用具與家裏的狀態相符合。山珍海味，因家境貧窮而無法享用，就煮蔓菁、薺菜來吃。蔓菁即蕪菁，類似蘿蔔，莖比蘿蔔大，可做醃菜。煮的方法不是用醋和醬油，而是利用其自然的美味。因這些菜蔬日常容易得到，因而能經常享用，於是為它們作賦。

有人考證說，蘇東坡這裏所說的蘆菔，應該是指紅蘿蔔，理由是紅蘿蔔才可以熬出美味。雖然這種推測有點牽強，但紅蘿蔔熬湯味道鮮美倒是真的，那是因為紅蘿蔔含有獨特的芳香分子。齋菜館的蔬菜高湯一定少不了紅蘿蔔，而廣東人的老火湯，紅蘿蔔也是常客。

紅蘿蔔特有的香氣，大部分來自萜烯類物質，這類化學物質松木、柑橘也有，所以我們可以在紅蘿蔔中嚐到類似於松木和柑橘的香味。紅蘿蔔富含糖分，其糖分有蔗糖、葡萄糖和果糖，含量可達百分之五。好酒好蔡用高湯煨紅蘿蔔，**高溫長時間烹煮**，把紅蘿蔔內糖分的細胞壁破壞，糖分因此釋出，所以味道非常甜。

紅蘿蔔富含胡蘿蔔素，我們吃下胡蘿蔔素後，腸壁將它轉化為維他命A，維他命A在眼睛中會轉變成受體分子的一部分，這類受體分子負責感應光線，因此我們才能看到東西，所以吃紅蘿蔔對眼睛好。維他命A還有其他作用，例如可以促進生長，防止細菌感染，具有保護表皮組織，保護呼吸道、消化道、泌尿系統等上皮細胞組織的功能與作用。缺乏維他命A還會發生肌肉、內臟器官萎縮、生殖器退化等疾病。

需要提醒的是，**胡蘿蔔素溶於脂肪而不溶於水**。烹煮紅蘿蔔時用油或高湯，可以幫助胡蘿蔔素析出，從而被人體吸收，喝生榨紅蘿蔔汁是最無效的方法，除非加上一勺油。但這能喝得下去嗎？

細說紅蘿蔔

紅蘿蔔，也叫金筍、甘筍、丁香蘿蔔、胡蘿蔔等。這東西原產自阿富汗，漢朝張騫出使西域時把它帶到中國，喜溫耐寒，適合在沙質土中生長，全國各地幾乎都可種植。如今中國已經是紅蘿蔔產量第一大國，佔了世界產量近一半，可見這種蔬菜受歡迎的程度。李時珍《本草綱目》中記載，「元時始自胡地來，氣味微似蘿蔔，故名（胡蘿蔔）」。這種說法不準確，南宋官方修訂的《紹興本草》在《大觀本草》的基礎上，新增了紅蘿蔔、爐甘石、錫藺脂、豌豆、香菜、銀杏等六種藥材，說明至少宋朝時就有紅蘿蔔。但當時人們是否將紅蘿蔔做成菜，卻鮮有記載。

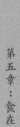

伍·叁

西施舌

好酒好蔡餐廳菜餚的好吃，自不需多說，但每次老闆蔡昊回廣州宴客，都有些不一樣：不一樣的菜餚，不一樣的風情。某次，桌上的一道清湯西施舌，真是好吃極了！

被人用自己的大名給菜餚命名最為知名的，第一應數蘇東坡，第二就是西施了。西施舌越來越稀有，好酒好蔡把它發掘出來，而且銷量還居全國第一。

西施舌，別名車蛤、土匙、沙蛤（又稱貴妃蚌），為蛤蜊科海洋貝類。這種非蜆非蚌的貝殼類，呈厚實的三角扇形，小小巧巧的，外殼是淡黃褐色的，頂端有點紫，打開外殼，就有一小截白肉吐出來。吐出的白肉如同一條小舌頭，又因其味道特別鮮美，容易讓人想到美女，故名西施舌。

潮菜中的雞湯西施舌，在老一輩的潮菜大師手中做得極為傳奇。也許是吃的人太多之故，原來在澄海、饒平一帶有出產的西施舌，竟然絕種了。西施舌廣泛分佈於印度洋、太平洋海域淺灘，埋棲深度大約為六十至七十毫米，繁殖季節為春、夏季，福建長樂漳港一帶為其著名的產地，故又被稱為「漳港海蚌」。其個體較大，長度達十厘米以上的，是西施舌中的極品。

人們自古就偏愛西施舌這種食物。宋朝呂本中就有詩詠：「海上凡魚不識名，百千生命一杯羹。無端更號西施舌，重與兒曹起妄情。」呂本中是名門之後，與秦檜同朝為官，政見完全相悖。

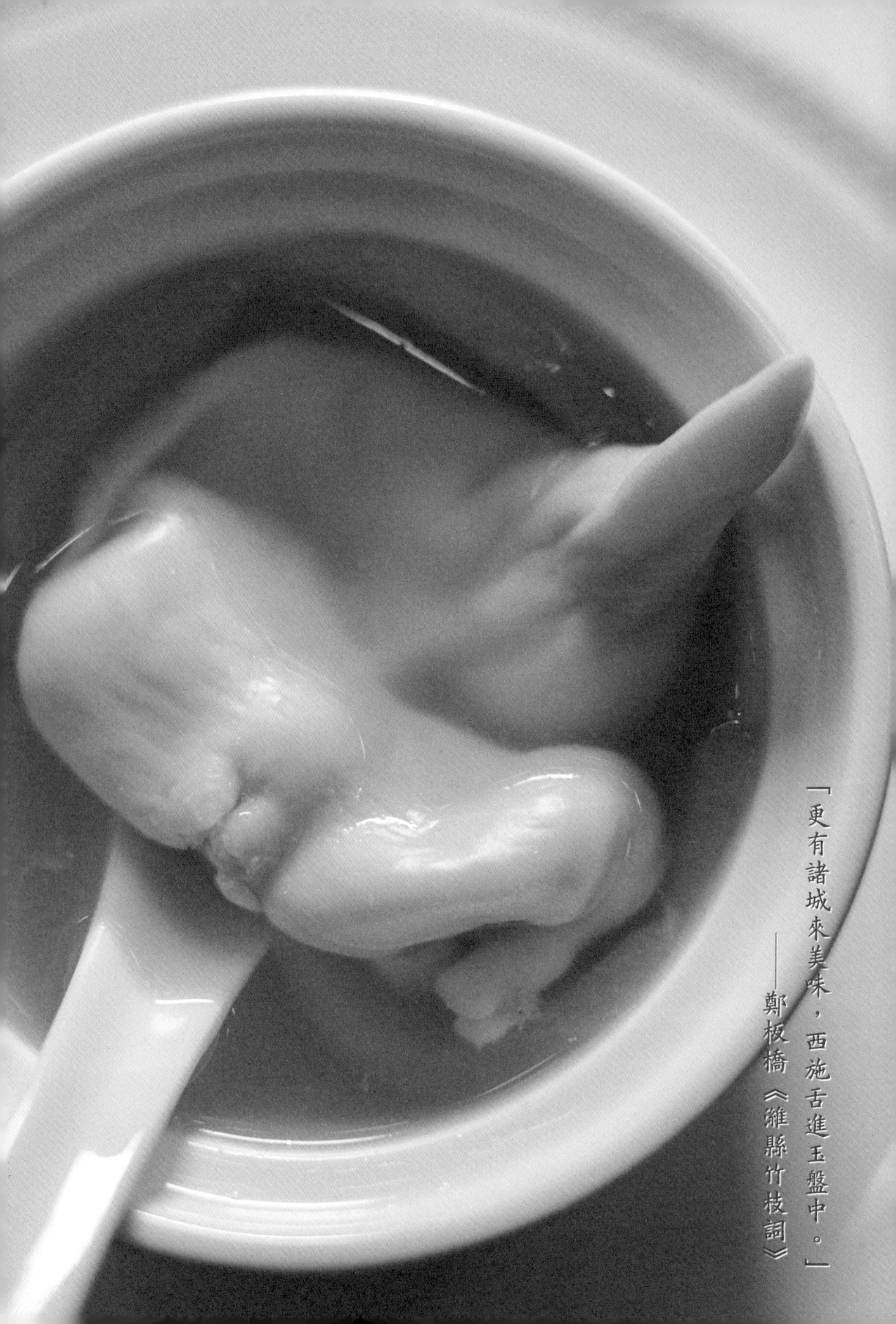

「更有諸城來美味，西施舌進玉盤中。」

——鄭板橋《濰縣竹枝詞》

他吃的西施舌，應該產在杭州。

清人張燾《津門雜記》曾有詩詠西施舌：「燈火樓台一望開，放杯那惜倒金田。朝來飽啖西施舌，不負津門鼓棹來。」估計天津也產西施舌，蓋因古時物流不發達，如果是從別的地方運到津門的，西施舌早發臭了。張燾是「朝來飽啖」，早餐吃西施舌，而且是拼命吃，故天津是產地無疑。

鄭板橋在《濰縣竹枝詞》中寫道：「更有諸城來美味，西施舌進玉盤中。」濰縣是以前的濰坊市區，就是那個以風箏出名的濰坊，由此看來，山東也產西施舌。但飲食界還是公認福建長樂的西施舌才是上佳，郁達夫在《飲食男女在福州》中寫：「福州海味，在春二三月間，最流行而肥美的，要算來自長樂的蚌肉，與海濱一帶多有的蠣房。《閩小記》裏所說的西施舌，不知是否指蚌肉而言，色白而腴，味脆且鮮，以雞湯煮得適宜，長圓的蚌肉，實在是色香味形俱佳的神品。」這是對長樂西施舌恰如其分的評價。

每個西施舌都有一根如魚翅般的銀針，口感極爽脆。在潮菜中，喝西施舌湯時若是沒吃到這根銀針，是可以不付錢的。我和老蔡開玩笑：甚麼時候來一盤炒西施舌銀針？若是真有這麼一盤菜，也不知該如何算價錢。

細說西施舌

西施舌的清甜，來於其自身豐富的氨基酸和粗蛋白。好酒好蔡餐廳用清湯輕燙，核苷酸加上穀氨酸兩種呈味氨基酸疊加，加上薄刨的青瓜片，把西施舌的清甜發揮到極致。好酒好蔡餐廳不用雞湯，而用清湯，這是他們的風格：低調奢華！相比之下，往常北方自助火鍋餐館的西施舌，採用開鍋一涮的吃法，就太匪氣了些，既糟蹋了牠的鮮美，又辜負了牠的芳名。

好酒好蔡

廣州市天河區花城大道九十八號尚東柏悅府二樓

電話：+86-20-3888 1689

伍・肆

德廚豆腐

德廚餐廳的豆腐，豆味濃郁，德廚主理人曾憲新新哥有一種做法，是客家釀豆腐的升級版，用料不是肉末，而是百花餡。**豆香、肉香、鹹魚香和鮮蝦香交織在一起**，墊底的娃娃菜解膩，搭配得恰到好處。

中國人吃豆腐，從劉邦的孫子淮南王劉安算起，已有二千多年的歷史。現知有關豆腐的最早文字記載，見宋初陶穀所著的《清異錄》：「時戢為青陽丞，潔己勤民，肉味不給，日市豆腐數個，邑人呼豆腐為小宰羊。」二千多年弄一種食物，該弄出多少花樣！僅袁枚在《隨園食單》中，就列出九種豆腐做法，計有蔣侍郎豆腐、慶元豆腐、楊中丞豆腐、張愷豆腐、芙蓉豆腐、王太守八寶豆腐、程立萬豆腐、凍豆腐、蝦油豆腐，在水族類中還有鰱魚豆腐。大豆富含蛋白質，但缺點是難消化，所以吃了容易放屁。磨成豆漿、做成豆腐，其實是改變了大豆的分子結構，讓人體更易吸收。

新哥的豆腐，用料上很有點王太守八寶豆腐的影子。袁枚在《隨園食單》中有此製作工藝：

用嫩片切粉碎，加香蕈屑、蘑菇屑、松子仁屑、瓜子仁屑、雞屑、火腿屑，同入濃雞汁中，炒滾起鍋。用腐腦亦可。用瓢不用箸。

用香菇、鮮菇、瓜子、雞茸、火腿茸，用濃雞湯煨，工序和用料多了不少。據考證，這個王太守八寶豆腐的製作方法，是康熙皇帝賜給刑部尚書徐乾學的。他到御膳房取這個方子，還被敲詐了一千兩銀子。後來徐乾學把這個方子給了他的得意門生王樓村。王太守叫王孟亭，是王樓村的後代。袁枚在他家吃到，讚不絕口，還寫了出來。

改天我請新哥按這個方法也做一個，估計味道不錯。某年農曆七月十五，上元節，俗稱鬼節，上菜前我開玩笑，千萬不要上冬瓜豆腐，沒想到真的上了豆腐。舊時鬼節，各家各戶會做好飯菜擺在家門前給餓鬼吃，據說這一天地獄門打開，餓鬼全出來。因為是給鬼吃的，當然不會有魚有肉，就用最便宜的冬瓜豆腐應付一下。廣州俚語「有甚麼冬瓜豆腐你自己搞掂」就是這麼來的。新哥不知道這個，上了個豆腐，好在沒上冬瓜。有如此美味的豆腐，做個貪吃鬼，也值了！

細說豆腐

大家通常說的南豆腐、北豆腐，區別在於南豆腐含水量更高，達百分之九十，吃起來更滑，而北豆腐含水量低些，達百分之八十五，豆味更足；南豆腐用石膏凝固，北豆腐用鹽鹵凝固。

石膏的主要成分是硫酸鈣，鹽鹵的主要成分是氯化鎂，這兩種都不會在人體內殘留，可以放心食用。還有一種添加了葡萄糖酸-δ-內酯的，這是一種新型凝固劑，製作出的豆腐稱為內酯豆腐，較傳統製備方法提高了出品率和產品質量，減少了環境污染，日本名稱叫「絹豆腐」，質地明顯要比北豆腐和南豆腐嫩滑與細膩。

現在市場上的豆腐都豆味不足，原因在做豆腐前的一個環節中：加熱豆漿時把豆漿的精華——腐皮拿走了，剩下的再加石膏或鹽鹵，這當然就大打折扣。新哥找的是不做腐皮的豆腐店，味道首先有保證。

豆香、肉香、鹹魚香和鮮蝦香交織在一起，墊底的娃娃菜解膩，搭配得恰到好處。

伍・伍

德廚冬瓜盅

講完德廚餐廳的豆腐，再講講它的冬瓜。這樣，冬瓜豆腐就齊了。

德廚的冬瓜盅，可能是廣州最用心、最好吃、最好看的冬瓜盅。蝦仁、蟹肉、田雞腿肉、雞腿肉、燒鴨皮、乾貝、絲瓜、夜來香……海鮮的鮮甜，冬瓜和絲瓜的淡雅，配上夜來香的幽香，讓盛夏熱到癱瘓的味蕾被溫柔地喚醒。瓜皮精美的雕花，告訴你甚麼叫用心。

冬瓜，因易保存，冬天還能吃到，故得名。其味甘淡偏涼，有清熱利尿化痰之功，是減肥妙品。《食療本草》指出：「欲得體瘦輕健者，則可長食之；若要肥，則勿食也。」冬瓜不含脂肪，含鈉量低，不但可以減肥，對腎臟病、糖尿病、不明原因的浮腫也大有益處。冬瓜仁性甘平，有清肺化痰、去毒排膿之功，炒熟久吃，令人悅澤好顏色，久服輕身耐老。

廣州城裏，德廚、廣州酒家、北園酒家做冬瓜盅都極好，而且互不服氣。這讓我想起唐朝詩人張祜，就是那位寫下「故國三千里，深宮二十年」，被杜牧盛讚「誰人得似張公子，千首詩輕萬戶侯」的著名詩人。張祜的小名就叫作冬瓜，因為出生之時，張母夢見了冬瓜。與張祜同期的錢塘酒徒詩人朱沖和，與張祜向來不和睦，贈了張祜一首《嘲張祜》：「白在東都元已薨，蘭台鳳閣少人登。冬瓜堰下逢張祜，牛屎堆邊說我能。」

互不服氣，互相角力，是餐飲業的共性，不獨朱沖和。

細說冬瓜盅

冬瓜盅主要在粵菜和上海菜中出現，用料很不同，做法差異倒不大，無非是將帶皮冬瓜對半切開，用刀在瓜口處刻成鋸齒狀，挖去瓜瓤，使其成一個盅狀。爲使造型美觀，冬瓜外皮上可刻上各種美麗的圖案，然後將冬瓜下沸水汆透撈出，再放入涼水內漂冷，放入瓷盅內擺穩。將乾貝洗淨，將燒鴨、火腿、冬菇、田雞分別切成丁，並將鴨丁、田雞丁、蝦仁用水菱粉拌勻，上沸水鍋汆熟，撈出洗淨後，同冬菇、火腿、乾貝一起放入瓜盅內，加上二湯、味精、酒、糖上籠蒸熟取出。然後將絲瓜切成粒，同鮮蓮下沸水鍋汆透撈出，和蟹肉放入瓜盅內，再撒上鹽、胡椒粉、火腿茸，最後在瓜盅外皮上抹上油即成。箇中差別，一是用料，二是火候把握的分寸，三是雕刻的工藝。

德廚私房菜

廣州市越秀區署前路廟前西街十五號八B一樓

電話：+86-20-8767 0988

伍・陸

清雞湯桂花燉墨魚

親民的廣州酒家，似乎給人一種與美食緣分不深的印象，其實不然，只是因為你不懂它。我特別喜歡廣州酒家的傳統粵菜，曾多次帶朋友們去文昌總店和濱江路店欣賞滿漢全席精選與經典回顧系列，朋友們皆讚不絕口。之前受趙總邀請，我還有幸到廣州酒家的高端店「天極品」大開眼界。那裏好吃、好玩，美極了！

清雞湯桂花燉墨魚，食材包括雞湯、桂花、墨魚——聽起來怪怪的。看師傅操作，原來是把墨魚放在碗中，淋上雞湯，再灑上幾朵金桂。桂花的香先達鼻腔，雞湯的鮮充滿口腔，而墨魚卻是糯的，還有蟹味。然而細看方知上當：原來是一隻假墨魚，用糯米做皮，用蟹粉做餡，蟹粉的濃鮮因有糯米的纏繞，在味蕾中揮之不去。

廣州酒家的上湯與眾不同，有很鮮明的火腿味。一道湯菜，濃鮮與清鮮相互交替，又有花香加持，加上美麗的視覺衝擊，讓人喝得很是過癮。糯是一種口感，營養豐富的食材，大體上都有糯的特質，比如乾鮑、海參、花膠、豬腳……所以當我們品嚐到食物有糯感時，自然會將之與營養豐富聯想起來，大腦因此分泌出多巴胺，我們因此而產生愉悅的感覺。糯的本質是物質在味蕾中長時間停留的作用，美好的東西，長時間停留……這是多麼幸福的事！

清雞湯桂花燉墨魚：原來是一隻假墨魚，用糯米做皮，用蟹粉做餡，蟹粉的濃鮮因有糯米的纏繞，在味蕾中揮之不去。

桂花與食品結合的手法，多見於甜品，而且桂花一般都與常溫或冷凍的食品搭配，這是因為它的香味會遇熱揮發。而這個湯用上桂花，淡淡的花香一嗅而過，並不對主材的鮮造成干擾，用得恰到好處。桂花清可絕塵，濃能遠溢，堪稱一絕。

《白門食譜》中描述過桂花鴨：「金陵八月時期，鹽水鴨最著名，人人以為肉內有桂花香也。」原來桂花鴨中並沒有桂花，只是指桂花盛開時節的鴨。估計鴨子在催肥過程中，吃了桂花，所以有桂花香味。不知有沒有師傅有興趣嘗試，在仲秋時節，鴨子最肥美的時候，用桂花給鴨肉入味，來個真正的桂花鴨。

那天，除了清雞湯桂花燉墨魚，還有一道名為「碩果纍纍」的前菜讓人印象深刻：用榴槤和淮山泥做餡，酥炸的紅米粘在外面，仿似嶺南佳果荔枝；做成喜鵲外形的蘿蔔酥、做成蘭蛹樣的豌豆膏，好吃之餘，平添了諸多樂趣。說真的，粵菜中論做「象形食品」的手藝，廣州酒家無人能超越！

吃飯時，我們完全可以學習法餐的浪漫。受廣州酒家天極品的影響，個人認為，這種浪漫的美食甚好！

細說桂花

從古時開始，人們就很欣賞桂花的香味，唐朝的宋之問曾在《靈隱寺》中留下「桂子月中落，天香雲外飄」的著名詩句，故後人亦稱桂花為「天香」。李白在《詠桂》詩中則寫「安知南山桂，綠葉垂芳根。清陰亦可托，何惜樹君園」。

李白對桂花喜愛，忍不住想在自家庭園栽種，這樣可以隨時見到。但古人之所以喜歡桂花，主要是喜愛它的香味，頂多也就是搗弄個桂花茶、桂花酒之類的。桂花酒就是桂花泡酒，還不是桂花釀酒。

伍・柒

天極品出品皆極品

廣州天極品餐廳的「粵菜新經典」，有幾道菜是很值得吃的：培根千層、東江鹽焗雞、葱燒百花黑金豆腐、彩蝦晚燕、八寶霸王鴨、龍蝦湯石榴球。

培根是由英文 bacon 音譯而來（港稱：煙肉），原意是煙燻肋條肉或煙燻鹹背脊肉。其風味除帶有適口的鹹味之外，還具有濃郁的煙燻香味。製作過程先是用鹽和香料醃製豬肉，阻斷了豬肉的腐敗過程，也使豬肉裏大分子的蛋白質向小分子的氨基酸轉化，這是豬肉美味的原因之一。再用蘋果木、胡桃木、山毛櫸木或橡木點燃煙燻，讓這些木材中的纖維素、半纖維素和木質素，在攝氏二百至五百度的高溫下能夠緩緩釋放出數百種諸如有機酸、醛類、酚類和酯類等化合物。調節木材的濕度和燃燒溫度，使這些化學物質紛繁多變地相互組合，賦予豬肉濃郁的煙燻氣息和撩人的芬芳，同時也讓豬肉的水分低於百分之六十。這樣既不會腐爛，也不會發黴。

我們中華美食也有燻肉，製作過程相似，只是用的木頭不同，因此煙燻味會有區別。然而，傳統燻製工藝不完全燃燒的煙氣中，同時也包含了多種多環芳烴類物質。其中最著名的就是苯並芘，它是一種高活性的間接致癌物，也是最早被人類確認的化學強致癌物。不過，我們現在可以放心吃燻肉了，這就要感謝現代食品工業中的「液燻」技術。

所謂「液燻」，就是利用冷燻液代替不完全燃燒產生的煙氣來「燻製」食物。人們經過一系列複雜的工藝，將木材燃燒產生的煙氣收集、溶解，再冷凝，最終提純得到「冷燻液」，既保留了煙氣中絕大部分的風味物質，又幾乎不含有害的多環芳烴。「燻製」時將冷燻液均勻噴灑至肉品表面或揮發燻蒸醃漬肉品，來模擬出傳統「煙燻火燎」的薰製效果，風味和口感與傳統的煙燻食品相當接近。

廣州酒家有着太豐富的粵菜底蘊，做傳統菜，他們遊刃有餘。但人的口味偏好、市場的經營環境是在不斷變化的。從傳統出發，不斷創新，這應該是人類美食業發展的必由之路。

五彩豆腐

用黑豆做的豆漿，不用石膏或鹽鹵成型，而是用蛋白輔助成型，更高的成本、極低的產量，帶來的是更滑嫩的口感。用蝦仁做成的百花餡，其彈牙程度不亞於潮汕牛肉丸，這種用手摔打的工藝，實際上是將蝦肉蛋白質分子結構重組，把空氣鎖在蛋白質和脂肪裏面，師傅對時間、溫度、力度的把控，十分高超！山東大蔥特殊香味的輔助，更是好上加好，精彩！

培根千層

把西餐的培根和中餐的豆腐皮疊一疊，外形就像極了一塊威化餅，是為「培根千層」。培根淡淡的煙燻味和豆腐皮純粹的豆香，居然如此搭配，培根和豆腐皮都需要慢慢咀嚼，又都越嚼越香。這一中西合璧，太有創意了。

東江鹽焗雞

用熱鹽焗四個小時的全雞，再斬件去骨，這是天極品的「東江鹽焗雞」。比傳統的鹽焗雞嫩且多汁，是它的特色，這大概是想討好吃慣滑嫩白切雞、對吃雞有一定偏好的廣府人吧。之所以去骨，學的是西餐，這樣能讓吃飯過程文雅起來，不用「吞吞吐吐」，真正做到只吞不吐，只進不出。配上一隻溏心鵪鶉蛋，其擺盤精緻夢幻，創意靈感受躍餐廳的啟發。看來趙總到處取經，原來是搜集美食情報去了。有如此用心的老總，廣州酒家不斷升級，理所當然！

彩蝦晚燕

炒牛奶加燕窩，裝在脆炸的食材盒裏，是為「彩蝦晚燕」。一大盤彩蝦晚燕豪華上桌，彷如一部大片，十分震撼！

八寶霸王鴨

用鴨腿做的八寶霸王鴨，改變了傳統八寶鴨用一整隻鴨的做法，更加精緻。用蛋白做皮，包着蝦肉、馬蹄、栗米等，用龍蝦熬製的濃湯做醬汁，是為「龍蝦湯石榴球」。這做法估計是受了西餐醬汁表現形式的啟發，好吃又好看！

廣州酒家「天極品」越華路店

廣州市越秀區越華路一一二號珠江國際大廈五至六樓

電話：+86-20-8303 3688

伍・捌

好吃又好玩的粵菜

躍餐廳的七哥，帥得一塌糊塗，中廚出身，轉學西廚，現在玩的是中西合璧。從食材的選取到烹飪手法，從烹飪工具到表現形式，不論中西，只要合適，七哥手到拿來，而他做出的食物味道，卻是正宗的中國味。

魚飯是潮汕漁民的一個偉大發明，在機械時代之前，漁民出海打魚靠帆船。如果是一早捕到的魚，等到下午歸航的時候，早就發臭了。漁民取海水，在船上把魚煮熟，再通過海風將魚吹成魚乾，這樣回家的時候魚就不會變質。這種迫不得已的方法，目的是保鮮，卻也造成了美味：魚死後，魚身上的蛋白酶對蛋白質進行分解，使魚發生輕度水解，生吃時口味是糯和甜，煮熟了就是粉粉的。但再進一步水解，就是變質發臭。

將魚在發生水解前煮熟，高溫作用下蛋白酶失去活性，也就阻斷了這一變質腐敗過程。魚凍是魚湯的凝固物，煮魚的魚湯富含膠原蛋白，膠原蛋白在攝氏二十五度時凝固，形成魚凍。魚飯和魚凍比熱的魚和魚湯更鮮美，那是因為氨基酸，氨基酸的分子結構在攝氏十六至一百二十度之內，溫度越低越穩定，表現出來的就是鮮甜。

西洋菜湯，這是廣府人家的媽媽味道。西洋菜，又稱豆瓣菜，是十字花科豆瓣菜屬中的多年生水生草本植物，原產地葡萄牙，經澳門傳入廣東，故稱西洋菜。傳統的西洋菜湯用豬骨和西洋菜慢火燉煮，實質上是蛋白質和葉綠素的結合。西洋菜特別的香味和骨頭湯的鮮味，讓人深信其具有較高的營養價值，且具有潤肺止咳的功能。七哥的做法是：採用傳統的煲西洋菜湯做法，再用榨汁機榨出西洋菜汁，兩者摻和後調味上桌。這樣不僅有傳統的西洋菜湯味道，更有濃郁的西洋菜味道，鮮綠的湯色頗有動感，而上面一層泡沫像是蒙上了一層神秘面紗。

中餐的慢火煲西洋菜湯和西餐的榨西洋菜汁，本質上都是通過破壞西洋菜的細胞壁，把汁液萃取出來。不同的是，中餐的慢火煲湯，讓西洋菜的風味更加豐富，而西餐的榨汁，則更多地保留了原味。兩者的調和，強強聯合，優勢互補！尤為重要的是，西洋菜富含葉綠素，有抗氧化功能，其中抗衰老的超氧化物歧化酶（Superoxide Dismutase，SOD）尤其豐富。大多數酶在高溫下活性滅絕，西洋菜榨汁又有一股「臭青味」，七哥用一熱一榨調和，既保留了超氧化物歧化酶的活性，又好喝，確實是神來之筆。

說超氧化物歧化酶可能有點難懂，反而它的縮寫 SOD 大家都聽過，比如「天天見」的大寶 SOD 蜜（編按：是一款護膚品）。這個東西還被更響亮的品牌所使用，比如雅詩蘭黛、SK-II。SOD 是生物體內存在的一種抗氧化金屬酶，它能夠催化超氧陰離子自由基歧化生成氧和過氧化氫，在機體氧化與抗氧化平衡中起到至關重要的作用。

皮膚衰老和損傷是人體衰老的重要特徵，而人體衰老是由於活性氧類自由基堆積或清除發生障礙，人體內的多餘自由基會引起細胞損傷以及色素沉澱。人的皮膚直接與氧氣接觸，會造成皮膚的老化和損傷。外源 SOD 的補充有利於延緩皮膚衰老、抗氧化、祛色斑。基於 SOD 是作用於超氧陰離子自由基的專一歧化反應催化劑，故 SOD 作為醫藥產品，對治療因自由基作用而導致的炎症、自身免疫性的問題、心腦血管疾病等都有着顯著療效。

至於神秘的泡沫，那是西洋菜在榨汁時產生的氣泡。更具動感的綠色，是未經加熱產生褐變和氧化的葉綠素，其實並不神秘。

躍餐廳的取名，「躍」與「粵」同音（普通話讀音 Yuè），意指他們做的是粵菜，同時，躍又有跨越的意思，更上一層樓。把菜做得好吃又好玩，這是他們的追求。我看好他們！

花魚飯凍

七哥用黃花魚作爲食材，做潮菜的魚飯，把黃花魚包在用墨魚汁染成的黑色的魚凍裏。同時，菜盤裏放着幾塊樣子相似的石頭，讓人猜不出這究竟是甚麼東西。黃花魚飯中的魚，肉質細膩鮮甜，沒有一根魚刺，魚凍更讓魚飯多了一分鮮味。

葱油雞

葱油雞也別出心裁：選取夠時間的走地雞，用白切雞的做法去骨取件。神奇的是，把葱榨出葱汁，做成葱汁雪葩，用來做蘸料；薑經過高溫烤，表現出來的是香脆。對這個做法，就有人不太習慣，主要是薑葱味淡了。那是因為，葱的香味分子是硫化物，硫化物在低溫和高溫時分子結構都極不穩定，揮發了，味道也就不足了。所以，做菜時葱要最後放，而把葱做成低溫的雪葩，確實也讓葱的形態大變，不免讓人有「你是哪根葱」的疑惑。但是，我們又何必只吃「一根葱」呢？

拌着大量的葱汁雪葩，吃着充滿雞味的雞肉，我感受到七哥的別出心裁。不一樣，也是生活美好的一面。

伍・玖

高貴的鵝肝值得吃嗎？

躍餐廳新的「灼躍」菜餚，推出了味灼鵝肝，就是滷水法國鵝肝。法國鵝肝遇上潮州滷水，即滷水鵝肝的升級版。那種溫暖、扎實的肉味，加上入口即化的口感，完美詮釋了世間一切美好。如果不是其不菲的價格，人們估計會吃得嘴巴無法停下來。

鵝肝、魚子醬和松露，被歐洲人並列為「世界三大珍饈」。當然，這是歐洲人的審美標準，中國人對鵝肝似乎不太上心，翻遍古代各種美食隨筆，不見有鵝肝的身影，為甚麼呢？答案是：中國的鵝肝和法國鵝肝，根本就不是一回事！

肝臟是動物體內的生化動力所，動物從食物中吸收到的大部分營養，會先送到肝臟進行儲存和處理，再分送至其他器官。這些工作會消耗大量的能量，所以，肝臟除了脂肪外，還有燃燒脂肪的線粒體和細胞色素，這就是肝臟是暗紅色的原因。

肝細胞直接連通血液，因此，在微小的六角柱細胞之間會有少量的結締組織，這對烹飪構成了極大的挑戰：脂肪在攝氏三十五度時融化，再煮就會變硬，而結締組織卻要在攝氏六十五度才開始分解。肝臟特殊的風味來自硫化合物，包括噻唑和噻唑啉等。這些風味物質與動物的年齡和烹飪時間正相關；所以，有人喜歡鵝肝的香味，喜歡煮的時間長的硬肝。

我們平時所說的不飽和脂肪酸有利於降低血液中的膽固醇含量，其實是因為飽和脂肪酸會升高膽固醇，而如果用不飽和脂肪酸取代食譜中的飽和脂肪酸，膽固醇就不會升高。不過，鵝肝中有約三分一是飽和脂肪酸，這部分脂肪並沒有被取代，吃下去了一樣增加膽固醇含量。約百分之六十五的脂肪，約三分一的飽和脂肪酸……從這方面來看，這就是高熱量、高膽固醇的垃圾食品！所以，再好吃的法國鵝肝，嚐嚐它的美味就好了，千萬不要多吃，更不要常吃，除非你也想和鵝一樣弄出一個脂肪肝！

高熱量、高膽固醇是鵝肝的缺點，但作為一種食物，有**獨特而迷人的風味和口感**，就已經很優秀了。況且，鵝肝中維他命A的含量遠遠超過奶、蛋、肉、魚等食品，具有維持正常生長和生殖機能的作用。它能保護眼睛，維持正常視力，防止眼睛乾澀、疲勞；能維持健康的膚色，對皮膚的健美具有重要意義。鵝肝中含維他命B_2，這對補充機體重要的輔酶，完成機體對一些有毒成分的去毒有重要作用。

鵝肝中還具有一般肉類食品不含的維他命C和微量元素硒，能增強人體的免疫反應、抗氧化、防衰老，並能抑制腫瘤細胞的產生。動物肝臟含鐵豐富，鐵質是產生紅血球必需的元素；所以如果說鵝肝能補血，這也說得過去。

鵝肝的優點和缺點都擺在了這裏，如何取捨，得食客們自己看着辦。當然，如果只是偶爾吃一餐，上述好處和弊端可以統統不用考慮。

世界上最先發現肥肝美味的，並不是法國人，而是古埃及人。有歷史學者認為，公元前二十五世紀，正值古埃及文明的一個活躍期，當時的古埃及人已經發現，鴨鵝可以通過過分餵飼，長出肥大的肝臟。這有文物為證：在埃及北部地區，有一幅四千五百年前的古老壁畫，畫中描繪的就是古埃及人在給鵝填餵食物。

公元前三六一年，斯巴達國王阿格西萊二世訪問過埃及。根據史料記載，他從埃及返回時下令，把肥肝的製作方法帶回斯巴達，肥肝自此來到歐洲。後來，隨着古羅馬稱雄地中海沿岸，肥肝的美味也被古羅馬人掌握。而凱撒可以說是有文字記載以來的，第一個沉醉於肥肝的人。根據記載，凱撒喜歡用肥肝配無花果吃。

一七八〇年左右，法國孔塔德元帥的廚師創製了以鵝肥肝為主料的菜餚，這道菜後來被獻給法國國王路易十六，就是那位說「我死以後，哪管它洪水滔天」，最後被送上斷頭台的國王。路易十六在遇到大革命時，仍然會大擺鵝肝宴。

覺不覺得這種強餵鵝、鴨的方法很殘忍？動物保護組織曾發起拒吃肥肝的運動，這些宣傳和抵制起到了一定作用。德國從一九三三年希特拉上台後，就認為填鵝肥肝是對鵝的殘酷虐待，這種傳統技藝便被禁止了，當時規定誰填鵝就會被判處三年徒刑。其他歐洲國家亦紛紛仿效，規定誰填鵝就會被罰款，甚至被剝奪政治權利。這樣，除法國和盧森堡還堅持填鵝生產肥肝外，其他西歐國家都不再填鵝了。

於是，匈牙利、中國、加拿大等國家，成為新的肥肝生產國。搞笑的是，歐洲的禁令基本都是針對肥鵝肝的，對於鴨子的態度卻是不置可否。於是，鴨肝充斥市場，鵝肝卻十分稀有。

在中國，古人吃鵝、吃鴨，就是不見有吃鵝肝、鴨肝的記載，這估計是古人沒掌握烹煮鵝肝、鴨肝的技巧之故。做得不好吃，也就懶得寫了。

大吃貨袁枚在《隨園食單》中倒是寫了雞肝：

雞肝，用酒、醋噴炒，以嫩為貴。噴，乃瞬間、迅速之意。雞肝得噴炒，因為時間一長，肝就不嫩了。

貧窮年代，人們對高脂肪求之不得。不過才過三十年，我們的餐桌已經從追求營養豐富變成營養均衡，歐洲人的名貴食材也端上了我們的餐桌。

細說鵝肝（一）

法國鵝肝含脂肪百分之五十至六十五，與忌廉的脂肪含量差不多，這也是它美味肥潤的原因，營養確實豐富。問題是，現代人普遍營養過剩，含有這麼多脂肪，在今天，它就不是健康食材了。儘管在這些脂肪中，不飽和脂肪酸佔總脂肪量的百分之六十五至六十八，另外約三分一是飽和脂肪酸；但不論是飽和脂肪酸還是不飽和脂肪酸，進入人體後，統統都會變成熱量！

細說鵝肝（二）

令人沮喪的是，我們吃到的鵝肝，大概率都是鴨肝。這也不是黑心的店老闆在坑你，就算是在巴黎，你吃到的基本上也還是鴨肝。因為「鵝肝」這個詞，從一開始就是個錯誤的翻譯。現代漢語中所說的「鵝肝」，其實源於法語的 foie gras。它可以翻譯成「肥肝」，甚至「脂肪肝」，但就是沒有「鵝（oie）」這個詞。

全球生產的肥肝中，鴨肝佔到了總產量的百分之九十五。對於普通人來說，吃到真鵝肝的概率微乎其微。如何分辨鵝肝和鴨肝呢？答案是——很難！

如果是完整的鵝肝或者鴨肝同時擺在你面前，還好分辨一些，因為鵝肝更大塊一些，達到六百至九百克，而鴨肝一般則是四百至六百克。但問題是，我們日常吃的無論是肥肝醬還是烹飪好的肥肝，都不會整塊端上來，只通過味覺，普通人根本沒有辨別能力。

細說鵝肝（三）

潮菜擅做滷鵝，滷鵝肝也是珍貴之物。一桌之中，如有鵝肝，必先敬老。潮汕滷鵝肝，有硬肝和粉肝之分，硬肝就是高溫滷煮，鵝肝中的硫化物釋放更充分，因此更香。粉肝就是低溫慢煮，把鵝肝浸泡在未滾的滷汁中，以達到粉嫩效果，這個菜很適合老人家吃。老人家牙齒不好，幾乎不用咀嚼，就可嚐到鵝肝的香味。

躍・Yuè 現代粵菜料理

廣州市新港東路六一八號南豐匯四樓

電話：+86-20-199 2757 6951/199 2752 8839

伍・拾

玉堂春暖

關於白天鵝賓館這餐飯，我想了好久未敢落筆，畢竟，在我心目中這是個神聖的地方。上次去白天鵝賓館吃飯，還是每個月賺幾百元的時候，吃的還是自助餐。至於中餐的玉堂春暖，那是想也不敢想的。潮菜泰斗鍾成泉叔和北京曹滌非兄來廣州，閆濤老師組局，我終於有機會去蹭飯，行政總廚梁建宇師傅親自作陪。這頓飯，我們吃得甚是舒坦。

白天鵝賓館成立之初，接待中外賓客，承擔着代表廣州美食的重任。從廣州各酒家抽調的大師們，讓白天鵝賓館一下子高手林立，因此傳統的粵菜風格在這裏得以傳承。行政總廚梁師傅從入行到現在，一直在白天鵝工作，既具傳統粵菜的基因，也不乏創新的精神，我想這是店裏玉堂春暖背後受歡迎的原因吧！

還是說說菜本身吧。伊比利亞黑毛豬叉燒，給我留下深刻印象的是師傅對食材的深度理解和追求，以及讓色香味與客人互動的表現手法——現燒現吃是時間在美食上的表現，白天鵝這道菜隨叫隨燒，師傅還在你面前完成最後兩道工序：用海鹽和玫瑰露酒點火燒製，再在菜上澆上蜜汁。

難得的是師傅對豬肉質量的追求。現在的叉燒乏味，是由於豬肉乏味。豬肉的風味由豬吃的飼料、餵養時間決定，而工業化的養豬法徹底改變了這兩個因素，因此菜裏沒有豬肉味。白天鵝賓館選用位於西班牙中西部的林間牧地畜養的伊比利亞豬。該地區為典型的地中海地區，有廣闊的牧場和西班牙栓皮櫟為主的林木。豬被散養在廣闊的牧場裏，主要食物來源是這些林木的果實，豬的餵養時間也在一年以上。

美中不足的是凍肉雖然經過排酸，但冰凍後形成的冰凌會對豬肉裏的蛋白質形成物理性破壞，導致解凍後部分蛋白質的流失，影響了部分豬肉風味。剛剛出爐、帶着溫度的叉燒，風味十足，入口即化，確實是廣州第一叉燒！其他的幾道菜美味，也得益於考究的食材選用：白切雞選用吃葵花籽的葵花雞，薩其馬選用風味十足的雞蛋，都體現了白天鵝賓館對食材的一片良苦用心。優質的食材、精湛的技藝、與顧客零距離的互動、溫馨體貼的服務，只拿到米芝蓮一星，白天鵝賓館委屈了！

霍英東先生當年選址荔灣白鵝潭，並將酒店命名為白天鵝，既好記，又是老地標，名字也高貴。「玉堂春」是一個詞牌名，從晏殊的《玉堂春．帝城春暖》可以多少看出玉堂春暖的意思：

帝城春暖。
御柳暗遮空苑。
海燕雙雙，拂颺簾櫳。
女伴相攜、共繞林間路，折得櫻桃插髻紅。
昨夜臨明微雨，新英遍舊叢。
寶馬香車、欲傍西池看，觸處楊花滿袖風。

柳暗遮空、海燕雙雙、女伴相攜、香車寶馬……這是多數人出門在外時的理想情景啊！若再有美食相伴，這樣的人生，才叫快樂！

細說叉燒

叉燒：把醃漬後的瘦豬肉掛在特製的叉子上，放入爐內燒烤。好的叉燒應該肉質軟嫩多汁、色澤鮮明、香味四溢，當中又以肥、瘦肉均衡為上佳，我們稱之為「半肥瘦」。

要想做好叉燒，醬汁是關鍵，關於醬汁，各家各有絕招，不過經過同行幾十年「或明或暗」的交流，這個秘密也不再是秘密。

玉堂春暖

廣州市荔灣區沙面南街一號白天鵝賓館三樓
電話：+86-20-8188 6968

伍・拾壹

醬汁炳勝

曹淼非兄是奔着廣州的米芝蓮而來的，指定要吃炳勝酒家，於是閆濤老師精心安排，炳勝曹老闆親自作陪，我親自蹭吃，有了一頓印象深刻的炳勝之宴。

炳勝的叉燒入口即化，肥而不膩。肥瘦相間的五花肉，因為豐富的脂肪而風味十足；因為多汁，肌纖維還來不及變乾，所以入口即化；部分脂肪析出，所以肥而不膩；攝氏二百度高溫下，大分子的蛋白質分解為小分子的氨基酸，所以美味四溢。

鮑魚泥丁和大頭沖菜混蒸，鮑魚負責提供穀氨酸，泥丁負責提供核苷酸，兩種呈味氨基酸的組合，在大頭沖菜的調和下，鮮中帶甘，回味無窮，這是典型的珠三角風味。

醬爆龍蝦、生炒菜心，體現了炳勝酒家對醬料和鑊氣的獨特理解，是典型的炳勝酒家的味道。而一碟乾炒牛河，一下讓我們回到遙遠的宵夜盛行年代。米芝蓮星級餐廳竟還在認真地

做着不值錢的乾炒牛河，這算是曹老闆的不忘初心嗎？

如何保持餐廳的核心競爭力？曹老闆的秘訣是各種醬汁：廚師容易被競爭對手挖走，曹老闆就帶心腹建立中央廚房，大搞各種醬汁，甚麼菜配甚麼醬汁都有規矩。而醬汁的秘方不示人，廚師離開炳勝，就做不出這個味道。炳勝這一保命奇招，也讓炳勝的很多菜呈現出濃郁的醬汁味道。沒錯，醬汁是烹飪的靈魂。它強化風味，有時突顯主要食材原有風味的深度和闊度，有時又和主要食材產生對比，增補滋味，這使得菜餚味道更為濃郁，更為多樣，更為完美。

早在二千多年前的商朝，廚界祖師爺伊尹就說道：「調和之事，必以甘酸苦辛鹹，先後多少，其齊甚微，皆有自起。鼎中之變，精妙微纖，口弗能言，志弗能喻，若射御之微，陰陽之化，四時之數。故久而不弊，熟而不爛，甘而不噥，酸而不酷，鹹而不減，辛而不烈，澹而不薄，肥而不腠。」祖師爺把醬汁的理論寫得很難理解，甚麼甜而不膩、酸而不嗆、有鹹味但不「死鹹」、辛辣而不刺激、清淡而不至於無味、肥美而不至於膩口，都是味覺方面的表述，至於如何做到，不說。炳勝曹老闆研究醬汁，也做到這點了，至於怎麼做的，也不說！

醬料在中餐中非常重要，中餐是把醬料的味道通過烹飪融進菜中，而西餐更多的是以醬料調味。西餐的這一特色，倒與我們古時候相似，《周禮．天官．膳夫》記載，周天子日常飲食，「羞用百有二十品」，配「醬百有二十甕」。其實醬的正式名稱為醢。《說文解字》的解釋是：「醬，鹽（醢）也。從肉。從酉，酒以和醬也。」那時候的醬，全是肉醬。據汪朗老師考證，其製作方法是：將瘦肉切末陰乾，拌上紅麴和食鹽，放入甕中，然後往甕中倒入美酒，密封百日後方可開罈享用。

除了瘦肉，牛百葉、鮮魚、蜆、田螺、魚子等也可製醢，以此伴食各種葷物。

漢代之後，中國才有了用大豆等糧食製醬的技術，但技術真是一般。《論衡》中說：「世諱作豆醬惡聞雷，一人不食，欲使人急作，不欲積家逾至春也。」意思是說人們厭惡製作豆醬時聽到雷聲，因為打雷可能下雨，這時製作的醬不易久藏。由此可見，在雷雨天氣，古代並沒有很好的方法保存豆醬。一直到後來，人們才發現，經過三伏天風吹日曬的醬品，色澤鮮亮，後味發甜，於是伏醬反倒成了熱門貨。炳勝的菜，醬味獨特，估計是琢磨到了做醬的門道。

除了醬汁和鑊氣，炳勝也強調食材的新鮮，這可需要實打實的成本。我最喜歡炳勝的腐竹焖草魚和乾炒牛河，不過，也真不好意思每次都點這兩個菜。畢竟，人家經營成本在那裏，作為食客，吃好是追求，把人家吃倒了，就有點太不厚道了。

細說鑊氣

粵菜講究鑊氣，這也是炳勝的講究之處。鑊氣，是指在猛烈的火力下，溫度瞬間飆高，水分蒸發，食材在鍋中快速翻炒，和鍋體接觸後引發出的焦香。鑊氣的產生是一種化學反應，由油脂、醬汁、食物的水分經過鐵鍋高溫而蒸發出氣體，在半圓弧的鐵鍋中，經過氣壓形成氣流，食物在炒製時吸收附帶出來。鍋越厚，弧度越大，熱力越大，產生的氣流則越大越快，鑊氣就越香。

這其中有蛋白質的梅納反應，有澱粉和糖分的焦化褐變反應，有各種醬料和香料在高溫下對應的酚類、脂類、萜烯類香氣的釋放，門道深得很。炳勝是眾多粵菜中最為強調鑊氣，也最會運用鑊氣的餐廳之一，這也是炳勝吸引人之處。

鑊氣，是指在猛烈的火力下，溫度瞬間飆高，水分蒸發，食材在鍋中快速翻炒，和鍋體接觸後引發出的焦香。

炳勝公館

廣州市天河區珠江新城冼村路二號首府大廈五樓

電話：+86-20-3803 5000

伍・拾貳

潮汕蠔烙

夏季，我和一眾廣州餐飲大佬約聚一記味覺餐廳。它們家的水瓜花蛤烙，很是不錯。

潮菜的各種烙菜中，蠔烙是鼻祖。把蠔用番薯粉包住，猛火厚朥[1]，番薯粉能鎖住蠔的汁液，再經過油煎，蠔汁裏的高分子蛋白質經過高溫會產生梅納反應，先分解為多肽，再分解為小分子的氨基酸，就會產生鮮甜的感覺。這道菜，又香又鮮又甜，又脆又嫩又有嚼勁兒，怎一個「爽」字了得！

蠔烙，在台灣和福建也寫成「蚵仔煎」，在潮汕叫「蚵烙」。閩南潮汕地區的美食，少肉多蠔多番薯，這完全是困難時代人們被生活逼迫弄出來的。西天巷蠔烙是老汕頭最負盛名的名牌蠔烙。據陳漢初主編的《潮汕老字號美食》介紹，二十世紀之初，有間賣蠔烙的小食店在安平路的漳潮會館（俗稱老會館）旁問世。

由於其製作精良，食物口感極佳，深受食客的喜愛，因而「老會館蠔烙」一時享譽粵東。一九三〇年前後，外地來的楊老二想加盟「老會館蠔烙」集市，可惜一時沒找到辦法，只好在升平路與同平路丁字路口西南側的一條小巷巷口擺攤設點。楊老二的蠔烙外脆裏嫩，口感更佳，食客紛

[1] 朥：潮汕話，肥肉的意思。

潮汕蠔烙——這道菜，又香又鮮又甜，又脆又嫩又有嚼勁兒，怎一個「爽」字了得！

紛從老會館跑到這邊來。不久，又有胡錦興、姚老四等人也來到這裏，在西天巷（現已改名「升平六橫」）裏經營同種生意，形成新的蠔烙集市。楊老二、胡錦興、姚老四等各自設法提高烹製技術和商品質量，打造出了馳名海內外的「西天巷蠔烙」小食品牌。現如今，如八仙過海，各家有各家的拿手好戲，哪家店的蠔烙好吃，全憑個人愛好和感覺。

言歸正傳，一記味覺在這個季節用水瓜和花蛤代替生蠔，太聰明了！蓋因生蠔在水溫高於攝氏二十五度時就不吃東西，進入夏眠，進入夏眠後不再長肉，而生蠔不肥就不好吃了。這季節的水瓜糖分充足，花蛤也正肥美，用來代替生蠔，正合適！

美食中，追求脆似乎是一種共性。脆的表現形式是響聲，但這種響聲不是通過空氣傳播，振動我們的耳膜形成的，而是通過口腔直達耳腔，形成共鳴。

有共鳴，才來電！美食如此，交友、過日子，不也是這樣嗎？

細說烙菜

關於潮菜中的各種烙菜，大家在追求脆感和韌感上各出奇招。脆是一種食物脫水的表現，用油煎炸是脫水，用鹽醃製是脫水，風乾曬乾也是脫水，表現出來的可能是香脆、酸脆、清脆、甜脆、爽脆、乾脆……為了達到脆的效果，廚師們各種摸索，比如在番薯粉中加麵粉。

這是因為純番薯粉的支鏈澱粉含量高，表現出來的是糯、韌，不容易脆，加麵粉後，變相地稀釋了番薯粉中的支鏈澱粉，所以容易脆。但煎炸的標準是外脆裏嫩，過分追求脆，導致裏面乾巴巴的，就如一個花枝招展的女人卻沒有內涵。一記味覺堅持用百分百的番薯粉，使做出來的食物有一點脆，但鎖住了食物的汁液，做到外脆裏嫩有韌勁，這個我更喜歡。

細說蠔烙

有人在潮菜中的各種烙菜中打上鴨蛋，以為這可以增加脆感。對不起，這完全搞錯了！你試試煎雞蛋，它脆嗎？加鴨蛋不能增加食物脆感，只能增加韌勁，韌是因為澱粉中的蛋白質含量高。加了鴨蛋，相當於加了蛋白質，所以口感上有韌勁，食物更彈牙。在物資匱乏的年代，鴨蛋可是好東西，做蠔烙時加個鴨蛋，是給蠔烙化個妝，以示主人的豪華熱情。當然，鴨蛋也讓蠔烙增香，只是，凡此種種，與脆無關。

伍・拾叁

令人驚艷的布仔豆腐

一記味覺餐廳的頭抽布仔豆腐，只能用「驚艷」兩個字形容。我曾答應一記味覺的徐界傑先生對這個菜好好說道說道，思考多天後，終於可以動筆了。

這道菜的靈感來自普寧炸豆腐：師傅選用了細膩的、用頭抽泡過的普寧布仔豆腐，經過油炸而成。傳統的普寧炸豆腐做法，會在油炸之前用鹽水泡一下，一記餐廳用頭抽代替鹽水，香味立馬呈幾何級數增長。頭抽中特有的鮮味與豆腐的清淡配合得天衣無縫，這是這道菜的獨特之處。

別小看老徐用頭抽代替鹽水浸泡這一小小改動，內裏其實大有乾坤，這與食品加工中的梅納反應有關。梅納反應叫「非酶促褐變」，是蛋白質、還原糖在加熱情況下分解和反應生成黑色大分子的過程。大分子的蛋白質會被熱解為多肽，繼而分解為小分子的氨基酸，這是油炸食品好吃的原因。另一種梅納反應體現在做醬的過程中，大豆裏的蛋白質經過自然生曬發熱，分解成氨基酸。

老徐選用頭抽——氨基酸含量最高的醬油代替鹽水，泡上布仔豆腐，再油炸，造成兩種梅納反應疊加在一起，這無疑是個偉大的發明！醬香加持下的豆香，充滿整個口腔。一輪香味衝擊過後，嫩豆腐中清而不淡、鮮而不腥、嫩而不生的味道，又是另一番人間美味。既脆又嫩，既香又鮮，既濃烈又淡雅，如此豐富多彩的味道，唯頭抽布仔豆腐有。

豆腐這種普通食材，各地都有自己的做法，由於太過普遍，也就難登大雅之堂。倒是袁枚在《隨園食單》中寫了九款豆腐的做法，其中的蔣侍郎豆腐，與一記味覺餐廳的頭抽豆腐頗有幾分相似：「豆腐兩面去皮，每塊切成十六片，晾乾，用豬油熬，清煙起才下豆腐，略灑鹽花一撮，翻身後，用好甜酒一茶杯，大蝦米一百二十個；如無大蝦米，用小蝦米三百個；先將蝦米滾泡一個時辰，秋油一小杯，再滾一回，加糖一撮，再滾一回，用細葱半寸許長，一百二十段，緩緩起鍋。」都是油炸豆腐，蔣侍郎家用蝦米、醬油、糖、葱熬汁入味，調料更複雜一些，估計味道也很不錯。

與朱熹同時代的南宋詩人白甫，作過《舟次下蔡雜感》：

正值太平時，村老攜童歡。

山下農家舍，豆腐是佐餐。

這種全民佐餐菜，也可以做得十分出色，就看廚師用不用心了。

細說布仔豆腐

普寧布仔豆腐其實應該叫普寧布包豆腐，因為每一塊方寸大小的豆腐都用紗布仔細地包裹着。輕輕撥開紗布，你會發現裏面豆腐質地尤為雪白細膩，宛若凝脂，彈指即破。

布仔豆腐嬌嫩易碎，炸前要先用鹽水浸泡，以利於固定形狀，炸時一開始用大火，當豆腐表皮微露淡黃色後，收火，直到起鍋時再調至大火。此時的豆腐，外皮金黃、內裏白滑。蘸着小碟裏的韭菜鹽水，咬開酥脆表皮……這是一種無上享受。裏層的豆腐彷彿另一個世界，完全沒有受到油水的侵擾，在口中散發出最本真的豆香味。

伍・拾肆

豬大腸：咀嚼四十八秒的獨特美味

我對豬大腸的喜歡，很大程度上也讓我喜歡上老徐的一記味覺餐廳，因為他們家的鹹菜豬大腸，簡直令人回味無窮！

豬吃了食物後，在豬肚裏開始消化。初步消化的殘渣，經過豬小腸的進一步過濾，吸收部分營養，再排到豬粉腸。豬粉腸繼續豬小腸未完成的工作，把殘渣排到豬大腸，這個時候的殘渣變成了豬糞。離豬屁股越近，豬大腸腸壁越厚，脂肪越多，那是因為這種構造才可以支撐住二師兄，使其用力排便時不至於腸壁破裂。

從豬屁股進去四十厘米，是豬大腸最為厚實肥美的部分，殺豬佬稱之為「寸金」，一般不是熟客是買不到的。豬大腸的主要成分是結締組織和脂肪，經過加熱，結締組織分解，膠原蛋白釋出，變得軟糯而有嚼勁。豬大腸的風味主要來自脂肪，有些人怕肥，把豬大腸的脂肪去掉，那還不如吃豬小腸。

豬大腸是裝便便的，所以大家總怕洗不乾淨。買來的豬大腸，表面光滑，裏面都是油，很多人以為豬糞是在油的這一邊。錯了！殺豬的時候總要把豬糞弄走吧？殺豬佬已經把豬大腸翻了個身，沖走了便便。換言之，豬大腸光滑一面才是裝便便的，必須重點清理。

豬大腸結締組織豐富，韌性足，所以火候要適中。火候不夠，則吃起來如吃橡皮筋，火候太過，則如同吃一團爛肉。何為適中？以煮到筷子剛好可以插下去為宜。咀嚼豬大腸時脂肪將慢慢釋放，特有香味逐層鋪開，閉眼享用，人生之妙不過如此。一記味覺的豬大腸，可以咀嚼四十八秒，這時吞下恰到好處！

潮菜善於做豬大腸，用鹹酸菜做，剛好中和豬大腸的脂肪，是絕配。朱彪初師傅首創的炸大腸，妙絕一時；羅榮元師傅首創的桂花大腸，那是美味無比；張新民老師的「龍穿虎腹」，充滿創意和想像；至於大街小巷的豬腸脹糯米，是典型的食飽又食巧。不過，我倒不認同滷水豬腸，滷味把豬腸味蓋住了，不好不好！

不獨潮菜擅做肥腸，全國各地都有做得相當美味的肥腸。美食家小寬老師是肥腸的頭號粉絲，他還組織成立了「腸委會」。歷史上豬大腸的頭號粉絲當數李白，坊間流傳他曾為豬大腸賦詩一首：「李白讀書匡山上，忽然一陣肥腸香。讀書台高千千尺，不及老嫗送肥腸。」不過，也有很多人懷疑這首詩是後人的偽作。

豬大腸性寒，味甘，有潤腸、去下焦濕熱、止尿頻的作用。《本草綱目》說豬大腸可以潤腸治燥，可以治痔瘡和脫肛，這是傳統中醫的「以形補形」。

尋味無須方向，唯獨適口最佳。如豬大腸般讓部分人極喜歡，又不貴的東西，在這個世界上已經不多了。

細說豬大腸

豬腸特有的味道，喜歡的容易上癮，不喜歡的就很不喜歡，就如榴槤和臭豆腐。這種特殊的臭，其實是一種香，最能準確表達此味的詞語，用潮汕話說就是「臭肪臭肪」。是故，洗豬大腸千萬不能洗得太過。那種又刮油又用大蒜去味的過度沖洗，會把豬大腸的臭香味洗掉，那還不如吃別的好了。

一記味覺
廣州市天河區體育東路二十八號方圓大廈北門四樓
電話：+86-20-180 2238 3666

伍・拾伍

西域私廚的羊肉

某日中午，我到廣州華僑新村西域私廚餐廳，算是好好吃了一頓肉了：烤羊排、烤紅柳羊肉串、烤羊腰、烤羊頭、羊肉包子、羊肉沙葱餃子……

我是無肉不歡的葷菜主義者，估計這和小時候對肉食的渴望有關。中國人缺衣少食的時間太長，肉類並不是普通人可以常吃的。孟子在《寡人之於國也》中，談論他嚮往的美好世界，「七十者可以食肉矣」，年過七十的人能吃到肉，已經是奢望。《左傳》中謂「肉食者鄙」，肉是特權階級的食物，對於普通百姓來說，肉只是逢年過節時的調劑。這種飲食傳統我們並不陌生，即使在四十年前，我的童年記憶中，吃肉也是一件奢侈的事。

在眾多肉中，羊肉風味更為獨特。**羊肉的獨特羊膻味來自支鏈脂肪酸**，比起用穀物和精飼料餵養長大的牲畜，吃牧草長大的羊，肉質更具風味，那是因為植物有豐富多樣的香味物質、活躍的多重不飽和脂肪酸和葉綠素。這些物質經瘤胃內的微生物轉化成萜烯類化學物質，就是香氣。

西域私廚的羊肉，選用南疆羊，沒有膻味，烤得外焦裏嫩，肉汁豐富，肉味裏還有胡楊木炭特有的木香、紅柳樹特有的草原香味，特別過癮。**新疆烤羊肉常用洋葱、蘋果汁調味後烤**，這是一種絕妙的搭配：肉類蛋白質經過高溫燒烤，產生梅納反應，洋葱、蘋果汁中的還原糖經過高溫燒烤，

西域私廚的羊肉，選用南疆羊，沒有羶味，烤得外焦裏嫩，肉汁豐富，肉味裏還有胡楊木炭特有的木香、紅柳樹特有的草原香味，特別過癮。

產生褐變反應，其結果是把大分子的蛋白質分解為小分子的氨基酸，所以美味。老闆老徐說他的烤肉只用洋葱，不用蘋果汁，其實道理一樣。

烤肉串時需不斷翻轉，這種串烤可以使肉表面均勻且間歇暴露在高溫下，當肉面轉離熱源，熱氣會飄散到空氣中；所以每次旋轉，只會有小部分的肉受到高溫輻射，而肉的內部則會穩定而緩慢地變熟，形成外焦裏嫩、多汁的口感。此外，不斷旋轉會使肉汁滾動，黏附在肉的表面，肉汁中的蛋白質和糖層層裹住肉，使肉表褐變，這是香脆口感的來源。至於羊肉上加孜然粉，那是為羶味提香。

北方人尤愛吃羊肉，這不僅僅是因為羊肉美味，更是因為草原適合養羊，羊肉易得。古文字中，「羊」通「祥」，有了肥羊，就會吉祥了。而且「羊炙」即烤羊肉，是唐、宋、遼、金、元數朝的宮廷名菜之一。宋朝人特愛吃羊，所以連對美食毫無感覺的王安石，都在《字說》裏解「美」為「羊大為美」。在《清明上河圖》裏，甚至能看到「蒸軟羊」、「酒蒸羊」、「乳炊羊」等二十六種羊肉料理。

《左傳》記載：「鄭公子歸生受命於楚，伐宋。宋華元、樂呂御之。……將戰，華元殺羊食士，其御羊斟不與。及戰，曰：『疇昔之羊，子為政；今日之事，我為政。』與入鄭師，故敗。」這是個吃羊肉時羊肉沒分勻而敗國的故事，說的是公元前六〇七年，鄭國出兵攻打宋國。宋國派華元為主帥，統率宋軍前往迎戰。兩軍交戰之前，華元為了鼓舞士氣，殺羊犒勞將士。忙亂中他忘了給他的馬夫羊斟分一份，羊斟便懷恨在心。交戰的時候，羊斟對華元說：「分發羊肉的事你說了算，今天駕馭戰車的事，可就得由我說了算了。」說完，他就故意把戰車駛到鄭軍陣地裏去。結果，堂堂宋軍主帥華元，就這樣輕易地被鄭軍活捉了。宋軍失掉了主帥，因而慘遭失敗，此事見《左傳．宣公二年》。所以，吃羊肉要均分！

老徐是性情中人，每有沙葱的季節，必召集我們吃一頓羊肉，由他親自動手烤的肉串，火候掌握得恰到好處。這種火候的把握，全靠經驗，這個，老徐不缺！

還有幾道菜，不可不吃：

羊排蒸羊肚菌

羊肉的肉香和羊肚菌的野香，濃得讓人味蕾淪陷。作為菌中之王的羊肚菌，通常的做法是燉湯，取三四個羊肚菌燉湯已足夠濃香四溢，這裏居然是上一大盤！燉湯時羊肚菌是配角，而這道菜，羊肚菌是主角，配上肥肥的羊排，把羊肚菌的濃香完全激發出來了。當然，這道菜便宜不了。

羊肉薄皮包子

這可不是包子，更像是餛飩皮包着羊肉，滿口的肉香，濃濃的湯汁，居然不讓人覺得肥膩。

坎兒井水燉羊肉

湯甜肉香，淡淡的花椒麻辣味，去腥增香，讓人吃着很是過癮。

三號西域私廚（編按：現改名為新疆味道西域私廚）

廣州市環市東路華僑新村愛國路三號光明路二十八號大廈後面

電話：+86-20-8370 6515

伍・拾陸

又見禮云子

又到禮云子的季節，某天晚上我和傅爺、焦焦、劉輝等三五知己，到番禺化龍的腰記飯店，來了一頓禮云子宴。

禮云子是蟛蜞卵的雅稱，有人巧取《論語》「子曰：禮云禮云，玉帛云乎哉？樂云樂云，鐘鼓云乎哉？」之句，給蟛蜞籽（卵）取了這個雅名。這句話的大概意思是，孔子說：「禮，只是指玉和綢緞這些物質方面的東西嗎？樂，只是指鐘和鼓這些物質方面的東西嗎？」

蟛蜞走路，兩隻大螯並不張牙舞爪，而是作拱手行禮狀，因此得名。

蟛蜞分佈於遼東半島、江蘇、福建、台灣、廣東、浙江等沿海地區的內河，在河邊泥土小洞中棲存。這種小蟛蟹，由於太小，確實沒甚麼肉可吃的，所以極少進入吃貨的視線。蟛蜞春秋兩季產卵，從極小的蟛蜞身上採集禮云

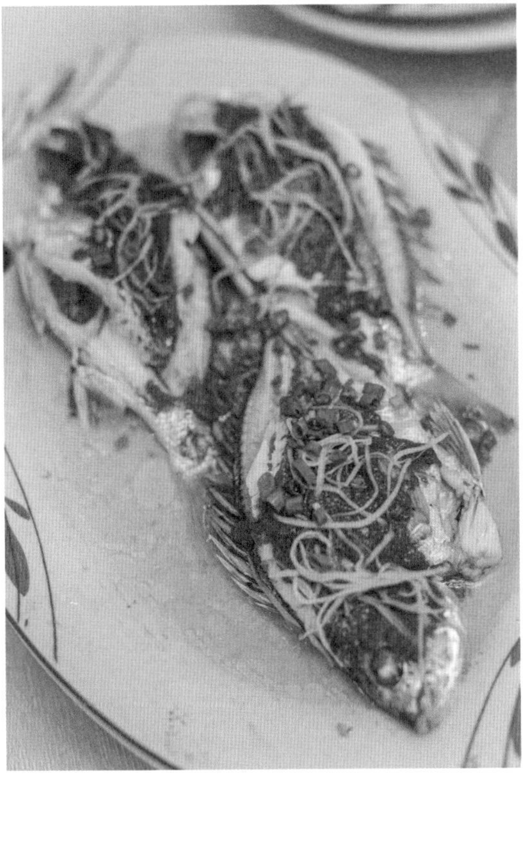

子，這絕對是個苦活。十斤蟛蜞才能採集到二兩禮云子，一個農婦辛苦一天才可以弄出幾兩，真的是吃力不討好。

從市裏去腰記飯店的路上，路經思賢村。這個因紀念明末清初「嶺南三大家」之一屈大均而命名的村莊，是屈大均的家鄉，屈大均也葬於此。被稱為「廣東徐霞客」的屈大均所作《廣東新語》記載：

廣州瀕海之田，多產蟛蜞，歲食穀芽為農害。

廣府人以前在田裏養鴨，以除蟛蜞，鴨屎又給農田增肥，形成生態農業。加上一年春秋兩季的禮云子宴，蟛蜞想為害人間，門都沒有！現在農藥多污染，蟛蜞漸少，加上人工太貴，禮云子也只在幾間店才有。連腰記老闆都說，不知甚麼時候就吃不到了，有一次吃一次吧！

我小時候也去抓過蟛蜞，潮汕人用蟛蜞做成生醃，由於肉太少，往往成隻丟嘴裏咀嚼，只求其鮮味。至於蟛蜞卵，直接忽視。潮汕有句俗語——識字掠無蟛蜞，用於取笑不懂變通的讀書人。傳說清初，為了防鄭成功襲擾，清政府在福建、潮汕沿海一帶實施海禁。澄海某鄉有一位姓蔡的秀才，與同村好友阿牛等人約定一起去捉蟛蜞。到了寨門外，蔡秀才見有一告示，說不准下海，便停下來慢慢研究其中內容。阿牛不識字，就直往有蟛蜞的海灘走去，捉到不少蟛蜞。而蔡秀才見到告示所寫內容，知事情的嚴重性，邊走邊想，不知如何是好。等到他走到海灘時，潮水已漲，同來的人都捉了好多的蟛蜞，唯獨蔡秀才兩手空空。幾百年過去，蔡秀才早已作古；但是，墨守成規的人是越來越多了。這些我們都管不了，我們只想抓住機會，嚐嚐難得一見的禮云子。

細說禮云子

那天晚上的禮云子宴，有禮云子扒柚皮、蒸禮云子、禮云子蒸豆腐、禮云子炒飯，大概用了半斤禮云子。

聚集了蟛蜞全身精華的禮云子，其主要成分是蛋白質、脂肪和氨基酸，這是它味鮮的原因；沙沙且爆漿的口感，妙不可言；漂亮的橙紅色，源於其豐富的蝦青素，高貴而喜慶。蝦青素是天然的抗衰老物質，化妝品牌雅詩蘭黛某些產品裏面就有這個東西。一想到這點，就算禮云子貴一點，感覺也值了。

腰記飯店

廣州市番禺區化龍鎮龍源路十五號

電話：+86-20-8475 5405

伍・拾柒

一碗不寂寞的鯽魚粥

我對江山酒家鯽魚粥的熱愛，感染了遠在北京的曹滌非老師。他不遠萬里來到廣州，指定江山酒家，而且一定要吃到這碗粥。好吧，我們就再深入一點，看看這碗粥有甚麼神奇之處。

首先，選取本地鯽魚，用極細緻的刀工取出鯽魚的肉，去骨後的鯽魚肉一半是白肉，一半是紅肉。接着，用魚骨頭煲湯做粥底並調好味，待粥滾之時把鯽魚肉放進粥裏，輕輕攪拌幾秒鐘後，放冬菜和芹菜粒。最終熄火，大功告成！

需要注意的是，魚肉在攝氏五十度時將因蛋白質凝結、汁液流失而萎縮，到攝氏六十度左右就開始變乾。江山酒家是將粥煮滾後熄火才倒入魚肉，此時魚肉的溫度經過熱傳導，剛好控制在攝氏五十五至六十度，所以滋味特別腴美，口感特別嫩滑。

鯽魚肉之所以鮮美，那是因為它富含蛋白質，而它所含氨基酸又和人體所需的氨基酸極為接近，所以容易被人體吸收。鯽魚肉極為嫩滑，那是因為其肌肉組織很細，分子較小，含水量多，表現出來的口感就是嫩滑。鯽魚肉肌間刺多，那是因為牠的身軀小而扁，主要骨架太小，只有肌間刺遍佈全身才可以撐起鯽魚身軀。

鯽魚可以適應不同的氣候，在中國，除了青藏高原以外，其他水域都可以找到鯽魚。明初吏部尚書劉菘來廣州，這個清官吃到廣州鯽魚，就詠了一番：「鯽魚潮退餘溪鹵，牡蠣蠔高結海沙。紅豆桂花供釀酒，檳榔蔞葉當呼茶。」劉菘吃到鯽魚、牡蠣、桂花酒，卻沒喝到茶，確實清苦。也許因為鯽魚多顯賤，又多刺，所以沒能被提拔到顯貴的地位。但是，賤歸賤，我們卻不得不承認其美味。蘇東坡也曾經為鯽魚詠過幾句：

我識南屏金鯽魚，重來拊檻散齋餘。
還從舊社得心印，似省前生覓手書。
葑合平湖久蕪漫，人經豐歲尚凋疎。
誰憐寂寞高常侍，老去狂歌憶孟諸。

南屏，在杭州西湖。金鯽魚，就是金魚，與鯽魚同一家族，不過不是拿來吃的，而是觀賞用的。蘇東坡從金鯽魚中品出了寂寞，而那天，我們一幫人卻是飽酒言歡，一碗無骨鯽魚粥下肚後，更覺十分滿足。如果當年蘇東坡能遇上現代廚藝高超的黃景輝師傅，估計會少些寂寞。

江山酒家
廣州市白雲區雲城東路五號門萬達廣場五樓
電話：+86-20-3668 9333

後記

之前，我從來沒有著書立說的想法。

我是個貪吃的人。小時候家裏做飯，我就喜歡在灶台邊忙前忙後。父親是醫生，也算擅長烹飪，物資匱乏年代，他想方設法買肉回家做，我耳聞目睹，也就喜歡琢磨美味因何而來。長大後，因工作關係，每天忙於餐桌應酬，選餐廳、點菜就成了我日常的一項重要工作，算是與美食有點勾搭吧。

七年前，陪太太在美國待產，無聊之餘，世界知名的食物化學權威哈洛德·馬基的（Harold McGee）*On Food and Cooking* 讓我茅塞頓開，原來美食科學是這樣的！生物學、化學、物理學、食品工程學、人類學、社會學、經濟學，都與美食有關，可惜都艱澀難懂。中國幾千年的美食文化，洋洋灑灑，蔚為壯觀，有趣得很，可惜零零散散，似是而非；古文字對今人來說，也有如天書，確實難懂。能不能破解這兩個難題呢？我嘗試在吃到某種美食後，通過微信與朋友圈裏的朋友分享，沒想到反應很好，大家紛紛給我鼓勵。廣州美食「活地圖」、美食活動家閆濤老師和美食大師蔡昊老師更把我生拉硬拽到美食圈，從此我感覺良好，更是來勁。好朋友們建議我將朋友圈的美食文章結集出版，我還猶豫，嶺南飲食文化研究學者周松芳博士為我聯繫出版社，這讓我下了決心。國民漫畫家小林老師引薦我認識廣東人民出版社的董芳女士，並熱心為小書的封面繪圖、題寫書名（編按：指本書簡體版），於是有了這本書。

上述老師、朋友，才是這本書的功臣，在此表示感謝！美食攝影家何文安先生為本書貢獻了大部分美圖，不僅為本書增色，也是美食研究的寶貴資料，在此致謝！廣東人民出版社的董芳女士，為本書操碎了心，我們在工作中也成為好朋友，這是一個意外的收穫。我不是一個嚴謹的人，錯別字也不少，辛苦本書的責編、設計師等更多朋友們為小書增色了！

陳曉卿老師建議我推出個人公眾號，叫「輝嘗好吃」，這緣於我的名字有個輝字，潮汕人普通話普遍不準，「非常」總讀成「輝嘗」；於是，我乾脆「將錯就錯」，就將之當成潮汕記憶吧，誰讓潮州菜那麼好吃呢！

本書只是我美食隨筆的一部分，希望您喜歡，如蒙不棄，希望接二連三，能有續集。

林衛輝

參考文獻

汪朗：《衣食大義》。北京：中國華僑出版社，二〇一三。
汪朗：《食之白話》。北京：中國華僑出版社，二〇一三。
雲無心：《吃的真相》。重慶：重慶出版社，二〇〇九。
Green Sandy, *Food and Cooking*. London: David Fulton Publishers, 1988.

吃的江湖

作者
林衞輝

責任編輯
李欣敏

裝幀設計
羅美齡

排版
辛紅梅

出版者
萬里機構出版有限公司
香港北角英皇道 499 號北角工業大廈 20 樓
電話：2564 7511　　傳真：2565 5539
電郵：info@wanlibk.com
網址：http://www.wanlibk.com
http://www.facebook.com/wanlibk

發行者
香港聯合書刊物流有限公司
香港荃灣德士古道 220-248 號荃灣工業中心 16 樓
電話：2150 2100　　傳真：2407 3062
電郵：info@suplogistics.com.hk
網址：http://www.suplogistics.com.hk

承印者
美雅印刷製本有限公司
香港九龍觀塘榮業街 6 號海濱工業大廈 4 樓 A 室

出版日期
二〇二三年十二月第一次印刷

規格
特 16 開（230 mm × 170 mm）

ISBN 978-962-14-7521-3

本書由廣東人民出版社有限公司授權
萬里機構出版有限公司在中國內地以外地區出版發行